活着

就好

李尚云

著

台海出版社

图书在版编目（CIP）数据

活着就好 / 李尚云著. ––北京：台海出版社, 2020.1

ISBN 978–7–5168–2482–5

Ⅰ.①活… Ⅱ.①李… Ⅲ.①心理学—通俗读物 Ⅳ.①B84–49

中国版本图书馆CIP数据核字（2019）第250809号

活着就好

著　者：李尚云	
责任编辑：戴　晨	装帧设计：仙　境
版式设计：许　可	责任印制：蔡　旭

出版发行：台海出版社

地　址：北京市东城区景山东街20号　　邮政编码：100009

电　话：010–64041652（发行，邮购）

传　真：010–84045799（总编室）

网　址：www.taimeng.org.cn/thcbs/default.htm

E–mail：thcbs@126.com

经　销：全国各地新华书店

印　刷：三河市冠宏印刷装订有限公司

本书如有破损、缺页、装订错误，请与本社联系调换

开　本：880mm×1230mm　　　1/32

字　数：146千字　　　　印　张：8

版　次：2020年1月第1版　　印　次：2020年1月第1次印刷

书　号：ISBN 978–7–5168–2482–5

定　价：39.80元

前　言

经历过才知道，没有什么比活着更美好

　　余华在《活着》里写了这样一个堪称悲惨的故事，主人公富贵原本是个大户人家的少爷，由于好赌输光了家产，把父亲气死了，母亲气病了，就连妻子也一气之下带着女儿离家出走。后来他洗心革面重新做人，但是命运似乎并不打算放过他，母亲去世，女儿变哑，儿子离世……故事的结尾留下了一段令人回味的话："我知道黄昏正在转瞬即逝，黑夜从天而降了。我看到广阔的土地袒露着结实的胸膛，那是召唤的姿态，就像女人召唤着她们的儿女，土地召唤着黑夜来临。"活着给人一种坚强的力量，一种无论遭受什么样的打击都能坚持生存下去的精神力量。活着也是一种过程，不管幸福或不幸，都需要我们去经历、去面对，不能轻易地放弃生命，这才是这个故事的实质，也是活着的真正意义。

人生也是同样的道理，只有经历过酸甜百味、苦难艰辛，才知道原来活着比什么都重要。只要活着，我们就有可能遇到和拥有一切美好。

记得那时汶川地震，我一个师兄正好接到了赴灾区采访的任务。当时师兄回来后就立刻约我们吃饭，庆祝自己劫后余生："来来，今晚我请客。哥们儿总算活着回来了，回家真好！今晚吃火锅，你们都得来啊。"说完，师兄竟然激动地在电话里抽泣了起来。

原来师兄他们一行记者，一下飞机就坐上了开往灾区的大巴。但是走到一半，他们就遇到了泥石流和山体滑坡。无奈之下，大家只能下车跟在救援部队后面徒步前行。就这样，在泥泞的道路上和随时可能发生余震的情况下，所有人不吃不喝、不停歇地走了一天一夜。

这种累可想而知，后来师兄实在走不动了，倒头就睡着了。不知道睡了多久，师兄醒来时发现自己正被解放军战士用担架抬着走。原来师兄睡着的地方，是存放遇难者遗体的地方，师兄赶忙大喊一声："停下！我还活着，我是来采访的记者。"

战士满是污泥的脸一愣，转瞬就露出了真诚的笑容，说："活着就好。救援两天了，总算看见一个活的了。"

而当时师兄除了采访，还担任了志愿者，一天下来他忙得几乎连一口水、连一桶方便面都喝不上、吃不上。余震不断，他们只能睡在地上，被子湿漉漉的，都能拧出水。好不容易得到一瓶矿泉水，师兄看看身边的老人和孩子，还是选择主动让出了那瓶水。更可怕的是，与师兄同去采访的一位摄影记者，就在余震中为了记录真实的场面而不幸遇难。我记忆尤深，那天在饭桌上，我问师兄："如果再遇到这样大的灾难，让你去采访，你还去吗？"

师兄认真地说："去，不是敢不敢，是必须去。"

我一脸崇拜地问："这次采访最大的收获是什么？"

师兄眼睛有些湿润地说："看过了灾难现场和那么多不幸离世的人，我感觉，人只要活着就好，其他的都不重要。只要咱们有口气在，还有什么是不能争取的呢？活着，什么事情都可能发生。人没了，金钱、地位、名誉又有什么价值？趁现在还活着，就好好努力和珍惜吧。"

"蝼蚁尚且偷生，为人何不惜命。"人的一生既漫长又短暂，总要经历无数荆棘，面对各种挑战。当经受过那些遭遇和生命无法承受之痛，会对生命更加敬畏，因为只要活着就有希望。

目 录
Contents

No.3 //

哪怕站在世界的角落，也要释放自己的精彩

No.4 //

为生命的每个瞬间，找一个值得纪念的理由

No.5

活在当下的意义，就是不要考虑无谓的事情

No.6

有了面对生活的勇气，任何难题都不是问题

No.7

人总要有一些信念，支撑我们砥砺前行

No.8

微笑着活下去，才有可能去创造奇迹

No.1

看起来平淡无奇的生活，每个人
都是负重前行

总有一些经历，让人措手不及

生活中，我们总会遇到一些突如其来的打击，或是家庭变故，或是冷眼嘲笑，或是前途渺茫……或许有些人对于这种突如其来的打击，会显得有些手足无措，甚至陷入悲伤和颓废中无法自拔，但是这样只会让事情变得更糟。

有一次在一个酒会上，我听到有几个朋友在谈论张强。我赶紧快走几步，也跟他们攀谈起来："听你们刚才在聊张总，我感觉好久没见到他了，他的公司最近经营状况如何啊？"

其中一个人摇了摇头，说："看来你还不知道吧，张总的某一单外贸业务由于没有按欧盟标准完成订单，造成了违约，不仅货物全都打了水漂，还赔了几个亿的违约金。这不现在还在等待漫长的国际贸易官司的审判结果呢。"

另一个人则说："张总这也算是飞来横祸。更倒霉的是，他的那些股东听说公司资金链出了问题，纷纷提出撤资；家中的老父亲听说儿子的公司发生了这么大的危机，一下子心脏病复发，这不已经住院了嘛。"

我听完不禁心头一紧，赶忙拨通了张强的电话。过了好一阵子，电话那端才传来了接通的声音："喂，您好，张强现在不方便接电话，您有事可以跟我说。"

我猜测着问："您是张总的爱人吧？刚才听朋友说张总的公司遇到了暂时性困难，作为朋友，我想问问有什么需要帮忙的吗？"

对方有些哽咽地说："是，谢谢您。我们现在在四川老家，现在他不能听到关于公司的任何信息，否则就会失控痛哭，几近崩溃。我安慰他，他还冲我发火，总怀疑我是不是嫌弃他现在身无分文了。最近他就像变了个人似的，以前脸上总是挂着笑容，现在每天只知道用酒精麻痹自己。他还总讲起自己当年从几千元创业，到坐拥千万资产；跟我结婚时，婚礼现场布置得多么奢华、隆重。他还说要不是自己一时管理疏忽，也不会未能按时按标准交货，这一切都是老天爷对他的惩罚……我劝他别再执迷于过去，别因为一次失败就否定自己，他却反过来骂我，说什么我是在嘲笑他、可怜他。有一次他竟然还动手打我，让我以后别再管他的事了。"

我一时也不知该如何安慰张夫人，只好说："您别难过，只要他能振作起来，一切都会好起来的。"

没过多久，我在新闻上再次得知张强的消息："近日，我市曾经的商界风云人物张强所在的公司在国际官司中败诉，将面临巨额违约金赔偿。目前他的公司已被停牌，个人资产、所有资金账户以及名下的房产都被冻结和查封，而张强本人由于受到巨大的打击，目前情绪极不稳定。而有专家分析，在公司出现危机后，由于张强没有立刻采取有效的措施来稳定资金链，给公司造成了更大的损失。"

听到这样的消息后，作为朋友的我，感到十分惋惜。

有时，生活总会在我们得意扬扬时泼一盆冷水，让我们猝不及防。可是面对打击和挫折，我们不能顺势倒下，而是应该站直了别趴下，这样说不定就能迎来柳暗花明。

我初见小可时，她身穿一袭白色的长裙，化着淡妆的脸上一直挂着从容淡定的微笑。我完全想象不到这般从容的笑容背后，竟然藏着一段曲折的故事。

小可的妈妈有先天性心脏病，怀孕后不顾医生的劝阻，执意要生下小可。结果在小可诞生的同时，她的母亲也永远离开了人世。更不幸的是，小可的心脏也存在发育不完善的问题。不过，幸运的是，只要她不做剧烈运动，保持情绪稳定，就不会有生命危险。

大学毕业后，小可听从了父亲的建议，不断提升自己，后来进了一所初中院校做舞蹈老师。她的人生似乎就可以这样顺顺利利、平平稳稳地走下去了。但是当她坐完月子，看见镜子中圆滚滚的自己，想到自己每天除了吃、睡，就是上班的生活状态，总觉得人生好像缺少了一点什么。于是，她冒出了单干的想法。

就这样，小可在既没有亲人的支持，又没有太多资金的情况下，开始着手创办自己的工作室。她除了每周一到周五正常上班，下班后和周末的时间，都用来筹备自己的工作室。

人们常说：人生从来没有一帆风顺。小可的经历似乎更是印证了这句话，一场突如其来的祸事从天而降。

工作室装修完毕，即将开业的时候，小可骑着电动车到附近的学校发传单，一辆电动三轮车向她飞速撞了过来。车主好像有点喝醉了，还一直打着电话，尽管小可极力避让，可依然被撞得从车上滚落下来，电动车被撞得七零八落。迷迷糊糊中，她听见路人指指点点地说："撞成这个样子，这人肯定没命了。"

正巧我办事经过这里，看到这样的场景，就第一时间拨打了急救电话。小可看了我一眼，便晕了过去，这就是我俩相识的第一次见面。

那个酒驾司机没有逃走，而是和我一起将小可送上了救护车。

小可的家人接到通知后，便火速赶到了医院，站在急救室外不停地向里面张望，她的丈夫更是急得如同热锅上的蚂蚁。经过漫长的等待，手术终于做完了，医生语重心长地说："幸亏送来得及时，再晚点儿就有生命危险了；幸好患者意志力坚定，撑过来了，现在各方面生命特征已经稳定。患者家属不要随意走动，更不能让患者情绪过于激动，否则后果很严重。"之后的数月，小可一直在医院安心休养，她没有痛哭流涕，也没有怨天尤人，而是乐观地等待身体彻底康复。她的工作室开业时间被推迟到三个月之后。

小可出院的时候还挂着双拐，走起路来有些蹒跚，但是她依然笑靥如花。不久，她换下了病号服，像什么都没发生一样，出席了工作室的开业典礼。

等到开业仪式结束后，我赶忙上前扶住她，对她说："你刚出院，还没有彻底康复就做这样的事情，我都快担心死你了。"小可则是一副无所谓的样子，笑着说："工作室开业，我就放心了。这是我的愿望啊，我必须把它实现才能安心。其实在被撞的那一瞬间，我也以为自己死定了，但是我不甘心就这么离开，我放不下我的家人和我的梦想，所以我撑下来了。我知道只有活着，才有无尽的希望。"

听完这些话，我心头不由得越来越喜欢和佩服这个坚强的姑娘了。现实生活中，很多人面对突如其来的打击，往往都会怨天尤人，甚至一蹶不振。可她恰恰相反，她用行动向我证明，只有坚强地活下去，才能继续追求你的梦想。

人生之路总会在不经意间出现各种状况，而恰恰是这些突如其来的事件，磨炼了我们的意志，让我们学会了坚强地应对困难。

所谓命运，不过是不想努力的托词

我相信很多人对"命运"这个词有自己的理解，也相信甚至很多人都认为，"命运"从我们出生的那一刻，便无条件地存在和影响着我们的人生轨迹。既然自己的命运已经注定，又何必努力拼搏。因此，有人会说："是你的终究跑不掉，不是你的，再多努力也是白费。"然而事实真的如此吗？

我想告诉大家的是，所谓"命运"，其实就是我们给自己不想努力找的一个借口，是对现实妥协的托词罢了。

张明是我的一个远房亲戚，他毕业时考上了老家县城的事业编制。每次全家聚会时，我们都觉得他过着衣食无忧，捧着"铁饭碗"的生活，他听后却摆摆手，叹了一声气说："我是没你们那么好命了，一辈子也就在小县城混混了。"

我们也开玩笑地说："不满意就走人啊，趁着自己还年轻。"

可张明却摇了摇头，说："还是算了吧。我这辈子也认命了，我还真没有勇气改行。我干啥都比别人晚一步，似乎生不逢时，什么事情到了关键时刻，都得掉链子。"

原来，张明上高中时，学习成绩一般，家境也不是很富裕。在这样的情况之下，想要继续学业，张明就得选择一个学费、杂费全免的师范类院校，而且他的梦想也是当一名人民教师。但是高考结束，张明一连填报了三个师范类本科提前批志愿，都没有被录取。

张明感觉一下子失去了信心，找不到未来的方向。亲戚索性建议他："既然你家条件不好，又没被免费的师范院校录取，那不如走警校这条路，起码在警校的衣食住行一切费用都可以省下，而且那样的学校也锻炼人，将来也会有比较好的出路。"

就这样，张明报考了一个三线城市的小警校。结果，走进校门的一刹那，张明是有些后悔的。整个校园的面积还没他们高中的操场大，而且警校的管理异常严格，每天连进出校门都必须经过辅导员批准。张明安慰自己说："算了，一切皆是命运，既来之则安之。"

好不容易熬到了大学毕业，为了避免"毕业就失业"，张明也果断加入了考研的大军。但是由于英语成绩极差又没怎么复习，张明的英语成绩远远低于录取分数线。于是，张明又紧接着加入了考公务员的大军。一心想要报考一线城市的张明，突然听到小道消息，说报考老家的机关单位，只要笔试能通过，再找找关系在面试时发挥得出色一点，就一定可以被录取。然而，他的笔试成绩与分数线就差了一分。张明真的对自己有些失望了，他不断地问自己："为什么命运总是这样捉弄我？难道命运真的是上天注定的，是无法改变的？"

没有考上公务员的张明，无奈之下只能通过"大学生村干部"的方式回到了自己的小县城。可是回到老家，张明才知道，尽管当时厦门特警报考的人数众多，当时以他的成绩完全可以进入面试环节，很可能会被录取。张明慨叹："真是命运弄人啊，走一步算一步吧，我也只能听从命运的安排。"

但是，当了几年的"大学生村干部"，张明发现自己的性格与机关单位的做派有些格格不入。他几次跟家人提出想离职，但是在家人的游说下又放弃了这样的想法。"大学生村干部"工作期满，看着周围的同事都报考了选调生，张明也随大流参加了考试。没想到的是，张明居然顺利通过了考试，成了一名地地道道的乡镇轮岗科员。可是张明却没有丝毫愉悦的感觉，反而陷入了无尽的失落："唉，我这辈子也就在这乡镇来回折腾了，这真的就是命运的安排，我算是信命了。"

张明最初的梦想是当个传道授业解惑的人民教师，然而兜兜转转却成了乡镇轮岗科员，难道这一切真的只是命运的安排？

细想之下，我们会发现并不是。

其实，高考结束后，即使没有被提前批录取，张明也可以根据自己的优势和志向，及时找到自己失利的原因，也许复读一年就能考上理想的师范院校；如果报考公务员时，张明能够坚持自己报考一线城市的想法，也许就不会每天慨叹抱怨小乡镇的事务繁杂；如果张明在"大学生村干部"任期期满后，能够果断下定决心给自己的人生换个方向，彻底离开机关单位，也许现在就是另一番光景了。

所谓"命运"决定论，不过是自己不愿意改变，不愿意努力的情况下做出的选择，这并非命运的自然安排，而是没有独立思考，一味向生活妥协的结果。

反之，如果我们能够独立思考，能够知道自己想要的生活是什么，我们就掌握了命运的方向。这时只要我们坚持朝着目标不断努力前进，就能够到达目的地。

我一直很喜欢一首歌曲，歌曲的名字叫《爱拼才会赢》。这首闽南语歌曲中，有一句歌词："三分天注定，七分靠打拼，爱拼才会赢。"请记住，无论我们身处何地，都不要向命运低头，把命运掌握在自己手里，你一定会遇见一个不一样的自己。

我有一次回学校参加校庆，曾经的班主任已经升任为校长。张校长总是喜欢告诫学生们一句话："我觉得你们得时刻提醒自己，努力学习就是为了改变自己、改变命运。我不信命，希望你们也一样。那些家境或者成绩不太理想的同学，你们应该做的就是更加努力，这样方能改变命运。"

每每张校长讲出这些话时，很多学生都不以为然，也许他们认为张校长这样说，不过是为了鼓励大家好好学习。

然而我这个曾经当过校报的小记者，曾经采访过张校长的学生，至今深深记得张校长讲过的自己跟命运抗争的经历。

我记得采访张校长时，他还只是我们的班主任和年级的教学组长。当时，我问的第一个问题就是："您觉得自己最骄傲的一件事是什么？"

张校长淡淡地说："我觉得是不信命，信自己，并不懈地努力。"

原来，张校长在成为教师之前在工厂上班多年，而且凭借出色的技术和经验，已经是制造车间的技术骨干。但是爱好文学的他，一听到恢复高考的消息，就打算报名参加当年的高考。但是家里人，尤其是父母极力反对："你是家里老大，你要是去上大学了，弟弟妹妹们可怎么办？我们岁数大了，没有额外的收入供养你们几个吃喝和上学。如果你不上班，咱们一家人都去喝西北风吗？再说了，学习好能有啥用？不当吃不当喝的，你这技术的脑子还能长出文学细胞了？你这辈子还就是当技术员的命了，你别瞎想了。"

张校长决绝地说："只要让我学习，让我参加高考，我保证不会耽误工作，更不会少挣一分钱。"最终，他父母无奈地同意了。

为了准备考试，张校长就趁着下班时间，把所有知识点都抄在卡片上，然后绑在腰间。只要工作有空闲的时候，他就拿出来背诵。

晚上下班回家，为了节省电费，张校长就会大冬天借着雪地反射的白光看书，有时候手指都被冻得失去了知觉。就这样，张校长背诵了七遍知识点后，终于考上了大学。

直到现在张校长讲起自己备考的经历时，还是坚定地说："我就不信什么命运，我觉得每个人的命运不是注定的，全都靠自己把握。即使你没读过几年书，只要我们肯努力，就能抓住机会改变命运。"

就像《假如给我三天光明》的作者海伦·凯勒，虽然在听力和视力上有先天缺陷，但是她并没有怨天尤人，或者屈从命运的安排，而是通过自己的不懈努力，成就了更好的自己。其实，所谓的"命运弄人"，只是因为我们没有努力，没有通过努力改变自己的命运。如果你愿意迈出第一步，也愿意持续不断地努力，那么你的人生、你的命运就掌握在自己手里。

总有一天你会明白，所有的辛苦都是值得的

　　我曾在电梯中看到挤不上电梯，急得满头冒汗的外卖小哥，曾在楼下遇到暴雨中派件的快递员抱着已淋湿的包裹，被客户数落或者投诉，最后号啕大哭，也曾在乘坐地铁时看到一边啃着又干又硬的面包，一边抱着文件夹哭泣的文员。似乎我们每天都在接受来自生活和工作的千斤重击，似乎无论我们多么辛苦，都逃不脱那些不那么美好的结果。

　　但是，请大家坚信，所有的付出和辛苦都是值得的。

　　我记得小时候，邻居家的孩子叫张丽，因为我俩年龄相仿，因此就成了放学后的最佳玩伴。张丽喜欢弹琴，虽然她当时只有六岁，却经常被邀请参加各种表演。

　　有一天，张丽的父母都在供电站加班，她就约上我们一起去父母的单位附近玩。我记得当时的风很大，风筝一下子就被吹到了电线上。我们当时都不敢爬上去，嘀嘀咕咕地说："要不咱们别要了，玩点别的吧？"

　　但是张丽却异常勇敢地说："这里的地形我最熟，你们

都站着别动，我去给你们摘下来。"没想到的是，在张丽攀爬的过程中，不幸触碰到了高压线。我们只看见一道电光闪过，然后听见"砰"的一声，张丽就被电倒了，空气中弥漫着皮肤被烧焦的味道。我们一群小伙伴吓得哭了起来，赶紧大叫起来。

张丽醒过来时，她的父母都坐在她身边哭泣。张丽发现自己失去了双臂，痛哭了起来："我还要弹琴呢，没了双臂，我怎么上学？以后要怎么生活？"我们这些小伙伴去探望她，她也哭着避而不见。直到半年后，张丽才终于回到了我们中间，那时的她已经学会了用脚照顾自己。

原来，张丽出院后情绪一直低落，直到有一次父母带她去残联办事。当张丽看见办公室的工作人员竟然和她一样有身体上的残疾时，她一下子被惊醒了。张丽突然觉得，其实生活没有自己想象的那么糟，即使失去了双臂，还有双脚，还有灵活的大脑。于是，回到家后，张丽就开始练习用脚穿衣、吃饭、洗漱、写字。

后来由于父母工作调动，我们搬家了，随后也渐渐和张丽失去了联系。近日在电视上看到关于她的采访，我几经打听才终于找到了她的联系方式。

"嗨，张丽，还记得我吗？怎么样，这些年过得还好吗？"我故作神秘地问道。

没想到张丽竟然一下子听出了我的声音："好久不见

啊，发小。还好吧，虽然很辛苦，但是我觉得挺充实的。"

"昨天在电视上又看到你弹琴了，真的好了不起啊，没想到你除了能好好照顾自己，还可以在艺术上有所成就，你是怎么做到的？"我有点好奇地问。

张丽在电话那头笑了笑，说："你可真八卦。好吧，我就给你讲讲我的人生轨迹。你搬家之后，我好不容易回到学校成了旁听生。为了不耽误功课，我每天都用脚翻书预习、复习、写作业到深夜，从未间断。刚开始的时候，我感觉用脚十分不习惯，不是牙膏弄到脸上，就是饭吃不到嘴里。但是，我知道无论多么辛苦，我能做的就是不断练习，直到熟练为止。春夏秋三季还好说，但是在冬天用脚写字、做作业是真冷，我的脚经常被冻得没有知觉。不过还好，功夫不负有心人，我的成绩一直保持在全班前几名。"

"你还真是个对生活有追求的人啊，都这么辛苦了，你还有时间再学习钢琴？"我有些惊讶地追问。

"哈哈，音乐一直是我的兴趣啊，这个你是知道的。但是失去双臂之后，我的身体状况并不是很好，经常生病。为了能让自己身体更结实，我还在暑假报名了游泳班。在水里我感觉即使没有双臂，我也是完整的，像一条会飞的鱼。"

我不禁竖起了大拇指，说："练琴一定很辛苦吧。"

张丽点了点头，说："是啊，我学得晚，又没有双手，只能拼了命地练习，每天弹七个小时，练到我的脚指头都起了血泡，腿疼得都抬不起来了。这不我才达到业余钢琴七级的水平，但是我没想到自己弹琴的视频会被大家传播。"

我称赞道："功夫不负有心人。这都是你努力付出的结果，真的很佩服你。"

张丽却摇了摇头，谦虚地说："不，我还差得很远呢。我很享受为了梦想不懈努力奋斗的过程，至于结果会怎么样，其实并不重要。毕竟我在努力的过程中，收获了我想要的能力、技能和毅力，我觉得这就足够了。"

付出总有回报，一切辛苦都是值得的，这句话成立的前提就是要持续不断地努力和付出。而如果我们的付出还没收到预期的结果，就选择了抱怨或者放弃努力，那么迎接我们的，很可能就是前功尽弃。

我有个朋友叫马良，她特别爱好文学，前段时间常给我打电话："亲爱的，听说你现在写小说挺受欢迎，能不能也教教我啊，我也挺喜欢舞文弄墨的。关键是我有大把的业余时间，总觉得应该利用这些时间学点什么，挣点外快什么的。"

我听后挺高兴，索性帮她注册了微信公众号，然后还关注了她。每天一到晚上，马良就打电话喊我，让我指点一下，看看她今天的文章起个什么标题好。我后来每天给她分享一些社会热点新闻和民生，帮她找方向、想题目，然后静静等待她发文。

但是近半个月过去了，她除了在朋友圈晒自己努力在电脑前码字的照片外，一共才发了两篇幼稚而又没有含金量的散文，浏览量可想而知，只停留在个位数。

又过去了半个月，我发现马良开始叫嚣着写作太辛苦，没什么成就感，然后又开始在朋友圈立志要减肥。头几天不是去健身房跑步，就是在小区跳绳。但是一周过去了，一上称，体重没有任何变化之后，马良又开始了节食。她逢人就抱怨："你瞧，你们整天大鱼大肉，还不长肉，我这运动又节食的，怎么一点儿减肥效果也没有？真是麻烦，我还是放弃吧。"

有个晚上马良还主动打电话找我吐槽："你说，我怎么干什么都不行呢？我都用了一个月的业余时间，不是看书就是找你咨询，要不就是熬到半夜才写出一篇文章来。怎么到头来还不如你只花了一个小时随便写出来的杂文的阅读量高呢？我的每一篇文章也是反复检查、修改的啊。减肥也是，我既运动又节食，花费不少心思和时间，怎么就是不见成效呢？难道是我的运气不佳吗？"

我听后笑了笑，说："那你赶紧去烧香拜佛吧。"

马良也坚定地说："是吧，连你也这样认为，那我改天真得去庙里拜一拜。"

我无奈地说："你还真信啊，问题的症结在于你没有坚持，没什么读者看你的文章，你就放弃了文字梦想。同样，减肥也不是一蹴而就的，一两个星期可能看不出成果，你就又回到原来的生活状态。的确，你付出了时间和精力，也很辛苦，但是正因为没有持之以恒，这样的辛苦就失去了意义，就像总回到起点的折返跑一样。也许有时候我们辛苦减肥，最后不一定会成功，但是在这个过程中你的身体会更健康，这就是收获。写作也是一样，可能最后你没能成为知名作家，但是在学习的过程中，你看了很多书，提升了自己的精神层次，学会了很多有用的写作方法，还磨炼了自己的脾气秉性。这些收获可能是肉眼看不到的，但是付出了，坚持了就会有收获。"

她有些不好意思地说："嗯，有道理！我就是做事少了那么点坚持，所以总是看起来很忙很辛苦；我还喜欢抱怨，总觉得我这样付出不值得，但实际上是我的思想有点局限和狭隘了。"

朋友们，终有一天，我们会感谢现在努力付出、辛苦过好每一天的自己。请记住，只要坚持下去，现在付出的所有努力，都是值得的。

生活不易，每个人都是负重前行

许巍的一首《生活不止眼前的苟且》，唱出了许多人深埋在心中的诗与远方，让人不禁对未来充满了期待和向往。但是正如鲁迅先生所说："人必先活着，爱才有所附丽。"在成年人的字典里，生活从来没有"容易"二字。

我在美国读书时认识这样一个人。他叫戴维，毕业于一所名校的地理系。他一毕业就凭借高大帅气的长相和浑厚的嗓音被一家电视台录用，成为一名天气预报主持人。更幸运的是，戴维的到来竟然造就了电视台多年来的收视奇迹，他一下子收获了众多粉丝。人们都说戴维播报天气预报的方式很特别，而且比较轻松。于是，每天电视台的门口，都会有络绎不绝的粉丝等着找戴维要签名和合影。

戴维每天只需要工作两个小时，而且照着稿子背诵即可，完全用不到大学所学的任何地理或者人文知识。可是，要想拿到每月两千美元的工资，他必须保证每天准时到岗，无请假无早退。

天气预报准确的时候，人们对戴维都是连连称赞，但是天气情况瞬息万变，即使有高精密的卫星探测也不一定能够百分之百准确。一旦哪天戴维播报得不准确，人们就会打电话到电视台投诉。更有甚者，一些狂热分子还对戴维投掷矿泉水瓶和蔬菜。

一次，我在酒吧遇到了戴维，赶忙主动上前打招呼："嗨，见到您太高兴了，我是您的粉丝，您播报天气预报的风格太酷了，比起传统的一丝不苟式的播报，您生龙活虎的播报方式显得很有生趣。您可以给我签个名吗？"

戴维有些疲惫地说："好的。"

我有些好奇地问："你看起来有些失落，我可以坐下一起喝一杯吗？或者我们可以聊聊。"

戴维轻轻地点了点头，说："我每天给大家播报天气，但是我却连自己家庭的阴晴圆缺都搞不定，头顶的云彩随时都可能会下雨。"

我喝了口酒，说："人生有时候就是这样，你想要得到更有价值和意义的东西，唯一能做的就是不停地努力。因为很多事都不容易，应该说有价值、有意义的生活从来都不容易。怎么了，家里人不支持你的工作吗？"

戴维叹了口气，说："如果我说自己年薪只有两万四千美元，你是不是不会相信？而且这还是在保证全勤的情况下的数字。收入微薄，养家糊口很难，老婆也嫌弃我，跟我离了婚。尽管我几次三番地恳求她看在孩子的面子上复婚，但是她都没有答应。儿子跟着我一起生活，但是他并不争气，整天逃学，还结识了一些社会上的不良少年，沾染上了一些社会习气。女儿虽然比较乖巧，但是由于对我和她妈妈离婚的事耿耿于怀，一不开心就开始暴饮暴食。再加上同学的讥讽和嘲笑，她现在的体重已经接近二百二十斤了，我真的很担心她的健康状况。我的老父亲虽然可以称得上是知名作家，但是我从小就生活在他的光环之下，很反感这种感觉，因此我们父子俩的关系并不亲近。直到近日，父亲被医院诊断为胃癌晚期，也许只有几个月的光景了……我突然觉得自己的生活简直糟糕透了。"

我拍了拍戴维的肩膀，说："想想美好的事情，别这么悲观，成年人的世界确实不容易。"

戴维有些哽咽地说："我父亲让我给他买一份报纸，我翻遍了身上的所有口袋，发现自己没有一点儿零钱，只好到咖啡店买了一杯咖啡。可好不容易换来了零钱，我却发现自己这点钱买不起一份报纸。你说我的人生是不是很倒霉？"

"咱们聊点儿高兴的事吧，听说你得到了'气象先生'的试镜机会，不知道结果会如何呢？"我赶忙转移话题。

说到这儿，戴维的情绪变得更加激动，低头抽泣了几下，说："那天我去参加试镜，尽管顺利通过了选拔，成为'纽约气象先生'，我却没能在儿子受到别人欺负的第一时间给予帮助和安慰。"

我轻声说："其实人生有时候就像天气一样，真的很难预测。每个人的生活都不容易，我以前为了赚学费给社区居民送水，一桶才赚不到一块钱。赶上电梯坏了的时候，为了不耽误时间，我就扛着水桶爬几十层楼。每个成年人的世界和生活都不容易，苟且是常态，接纳自我，积极面对，做好自己分内的事才是正途。"

戴维听了我的话，陷入了沉默和沉思。

我在地铁站见到过一个泪流满面的姑娘苦苦哀求男友："求你了，不要和我分手。我可以去你的城市，求你别离开我。"但最终男友还是头也不回地走了，那一刻她瘫坐在地上，把头深埋进膝盖，抱腿痛哭。

我在教室见到过自己的同学因为母亲突然离世而崩溃流泪的场景。尽管她一直控制和压抑着自己悲痛的情绪，但是眼泪总会不自觉地流淌。

我见过隔壁邻居，一个单身母亲独自抚养一个脑瘫患儿。她每天四点就起床，和面、烙饼，然后推着小车在小区门口叫卖。她三十岁出头的年纪，却已经有了几许白发，嘴唇青紫干裂，双手粗糙布满老茧。

正是因为看到过很多人很多事，我才更能体会"生活不易"这几个字的含义。我也渐渐明白，其实大部分人的生活都不容易，都不是一帆风顺的，都在经历着苦难。所以，如果你现在也正受着煎熬、经历着苦难，那么请别放弃，也别觉得自己有多悲惨，因为很多人和你一样也正经历着困苦，你能做的就是坚持下去，继续负重前行。

我曾经也有过一段"阴暗"的日子，那段时间我负责人事管理，不仅需要进行新编辑的培训，还要负责与客户沟通稿件的需求。这个工作岗位对我这个多年来只靠着笔杆子生活的人来说，真的显得有些生疏。

再加上原来的人事在离职时有很多工作都没来得及与我交接，于是我的工作真是一团糟，经常被上司训斥，每天我的工作状态就是"被客户催，被上司催，被新编辑催"。更惨的是，这时我的上司升职了，新调来一位女上司。

我的职业生涯也迎来了前所未有的挑战，那时的我，每天都在怀疑自己，每天都处于挨骂的状态。"你这什么效率啊，能不能立刻把客户资料汇总给我？你看过稿子了吗？你做事就不能动动脑子？你是死人吗？"每天我只要一接到女上司的电话，我的神经都会条件反射般紧绷，我甚至想过干脆辞职不干了。

但是当我跟我的一个同学抱怨自己的经历时，她却一脸羡慕地说："真搞不懂你们这些职场白领，这么美好的生活，有什么可抱怨的？"

我一脸诧异地问："什么？哪里美好了？我怎么只看见满满的负能量呢？"

　　她轻拍了一下桌子，说："你可知道我每天都是怎样生活的吗？毕业后我自己创业开店，虽然在你们眼里，这样的生活比较自由安逸，但其实并不是这样。我的服装店每个月光是房租和水电费就要七八千元，每个月还得去北京、深圳进货，然后上新、宣传……每天我都得在店里整理衣服，而且现在的顾客都很挑剔，还有的人说话很难听。说实话，要不是投资太大了，我都想去职场拼一拼。你别以为就自己最苦最累，其实我们都一样，为了梦想，都得负重前行，不是只有你受委屈。"

　　是啊，为了梦想，都得负重前行。也正是靠着这句话我熬过了那段艰难的岁月。有一次女上司跟我一起吃饭，还问起了这件事。"其实我发现你挺能扛的，我刚来的那段时间，好像对你过分严苛了一点，我还以为你会申请回到编辑的岗位。没想到你竟然坚持了下来，而且没过多久就熟悉了自己的工作内容和业务，进步神速。"

　　我莞尔一笑，没有说什么，毕竟无论有多少苦和委屈，都没必要再展示一遍。

　　生活就是这样，没有谁比谁活得更容易、更潇洒，大家都曾被梦想和现实打败，都曾顶风冒雨、负重前行。但只要你能够选择继续负重前行，选择坚持，那么终会熬过那段艰难的日子，迎来胜利的曙光和更好的自己。

糟糕的心情，就让它随风而去

上班时，员工辛苦做出来的广告策划被上司批评得一无是处；下班后，因为"谁来做饭，谁来洗碗"的问题，一对新婚夫妻吵得不可开交；一位连续多年获得优秀教师的中年人，却不知道该怎么教育自己接连旷课的孩子……这一切都让我们心情烦躁。

实际上，有坏心情很正常的，可是如果我们无法控制自己的情绪，就会沦为情绪的奴隶。

一个周末，我带着十岁的侄子果果去游乐场玩。估计是周末的关系，游乐场挤满了人，尤其是过山车的项目区，真可谓是"人山人海"。可是果果最喜欢的就是玩过山车，于是，我们站在烈日下，开始了漫长的排队等待。

正是一年中最热的时候，炙热的太阳烘烤着大地，此时地表温度估计得接近五十度。放眼望去，排队的大人们一个个大汗淋漓的样子，给人一种生无可恋的感觉，而一旁的孩子们却都开心得不得了。果果也是一脸轻松，甚至还兴致勃勃地跟我讲着最近班级里发生的趣事。

　　等了大半个小时，终于快轮到我们了。这时从队伍的最末尾走过来几个皮肤黝黑、身材异常强壮、身着奇装异服的年轻人，他们气势汹汹地站到了队伍的最前面。这时，排在我后面的一个中年妇女，朝他们喊了一句："我们都排好久了，你们怎么一来就插队啊，自觉一点好不好？"

　　几个年轻人并没有说话，恶狠狠地瞪了她一眼，挥动着手臂，一副要打人的架势。我急忙把果果拉到身边，果果却淡定地朝那几个年轻人说了句："大哥哥，你们是不是有什么急事，所以得先玩这个项目？我觉得你们可以先把急事办完了再来排队。过山车直到晚上八点都开放的。"

　　我一脸惊讶，赶紧捂住了果果的嘴巴。

　　那几个男人朝我瞟了一眼，说："臭三八，管好自己的孩子。我们就是愿意插队，碍你们什么事？你们是游乐园管理员吗？不是的话，就少管闲事。"

　　我本想拉住果果，但见他们这么嚣张，突然想教育他们一下："你骂谁呢？你们都是成年人了，怎么还跟小孩子一般见识？再说了，是你们插队在先，群众的眼睛都是雪亮的，大家说他们这样做合情不？"

　　大家纷纷对他们的行为指责起来。

　　有几个排队中的年轻人更是说："还真别吓唬我们！别以为你们长得壮，我们就怕你们。别有事没事就吓唬妇女和儿童，这可不是好汉的行为。"

然而这几个插队的人，却好像听不见这些非议一般，还是不肯到后面排队。

果果见这种情形，拉起了我的手，说："走吧，姑姑，我不想玩了。"

我也怕事情发展到不可收拾的地步，索性拉着果果赶紧离开。我们刚走，那几个插队的人就和另外几个排队中的年轻人扭打在一起。不一会儿警察就到达了现场，抓走了那几个打架的人。后来，他们由于打架斗殴、聚众滋事和危害社会公共安全，被处以拘留十五天的处罚。

这时，果果淡淡地说："还是我比较机智吧。我是个小孩子，他们最多也就是白我几眼，可你就不一样，你要是再多说几句，肯定会被他们揍一顿的。"

我叹了口气说："现在的年轻人真是控制不了自己的情绪，因一时之气而酿成大祸，就这样成了情绪的奴隶。"

小侄子笑着说："我可不懂你说的那些大道理，我只知道被狗咬了，就赶紧跑或者上医院，而不是等着再去咬狗一口。"

一个成熟的人，应该是能够很好地把控自己的情绪，努力调节自己的需求和期待，主导并创造自己的生活。比如我特别喜欢的两个作家——杨绛和钱锺书，他们不急不躁、不争世事的心态，和对情绪的控制力，真的是非常了不起。

在我看来，对情绪的控制力，并非与生俱来的，与后天修养有关，尤其是读书的作用。

我记得初入职场时，带我的是一位中年女主编梅子。当时很多同学都提醒我说："作为新人，你做事时一定要慎之又慎啊。更何况你的上司是个中年女性，如果再是个未婚中年女人，那就更可怕了，情绪估计随时会像火山爆发般喷涌而来。"

但是几周后，我发现无论是面对我初出茅庐的懵懂，还是其他老编辑的小错不断，或者稿件出了什么紧急状况，梅子都能应对自如。她永远都是一副云淡风轻的样子，还总是安慰大家："别急，静下心来。没什么大不了，遇到事情解决就好了。"

有一次，我们赶稿子忙到了半夜，由于她家离公司比较近，索性直接邀请我去她家住。一进家门，看到客厅硕大的全家福，我才知道她结婚了。

"你老公和孩子呢？不和你一起住吗？"我好奇地问。

梅子冲我比了个"嘘"的手势，原来四岁的小女儿已经在卧室睡着了。

"平时爷爷奶奶接她放学，等她睡着，爷爷奶奶就走了。我老公在北京打拼，我这就是传说中的'丧偶式婚姻'吧！"说完，她没顾上换衣服，就打开孩子书包，找出了一套新园服，然后笑笑说："我得赶紧给孩子绣个名字。"

　　待绣完名字，她给我倒了一杯茶，又放好洗澡水，招呼道："你别客气，去洗个澡，好好睡一觉。今天辛苦了，我还得去准备一下明天孩子的早餐，正好你洗完我再洗。"

　　我匆匆洗完跟她打了声招呼就睡了，而她还在厨房忙碌。第二天早晨六点半，我就听到小姑娘睡醒的声音："妈妈，昨晚你们吵到我了，我都没睡好。"而梅子已经化好妆，穿好衣服，亲了小姑娘一口，说："好了，起床吧。妈妈做了你最喜欢的三明治和热牛奶，还有几块苹果。"

　　我们一起送完小姑娘上幼儿园，我感慨地说："突然对你心生敬意。"

　　梅子大笑着说："你不会是对婚姻和家庭有恐惧吧？其实刚开始我也总是心情很糟，每天工作很忙，回到家孩子还总黏着我，有时我也会冲孩子乱发脾气。等我发完火，孩子一哭我才发现自己做错了。可是后悔也没用啊，我不断地自我反省，后来我发现我最大的问题就是控制不好情绪。后来，等孩子睡着以后，我就来到书房，点上香薰，坐到躺椅上，拿起一本自己喜欢的书慢慢读，什么烦心事都置之度外。这时我只感觉自己是一个充实的读书人，在书中看到别人的故事，再联想到自己，就知道该怎么控制情绪和合理疏导情绪。然后我会放上一缸洗澡水，舒舒服服泡个澡，这些时刻我都感觉自己是满足和幸福的，就不会觉得孩子难缠、难教，也不会总想着工作中的困难和麻烦。"

　　我笑着点点头说："哦，原来成为女神的必杀技就是多读书。眼界宽了，就没有什么看不破，就能瞬间把坏情绪击倒了。"

　　她赞同地说："对啊。读书使人明智，会让坏情绪慢下来、淡下来，最后在不知不觉中坏心情就随风而去了。这时我就有时间思考自己的行为和思想，冷静下来之后，就不会做出莽撞的事，更不会乱发脾气。"

　　人非草木，无论在生活还是工作中，谁都会有高兴或者生气的时候，这是正常的情绪反应。好的心情会让人精神百倍，时刻充满活力；反之，坏心情常易引发不当的行为和言辞。当你想要疏解糟糕的情绪，又担心自己做出什么出格的事情时，不妨多读读书，让自己的情绪慢下来。请相信：有效控制坏情绪的人，一定能够很好地把控自己的人生。

No.2

对未来的憧憬，让每一天都变成最美好的样子

明天什么样子，取决于每一个昨天

　　宇宙间的万事万物都遵循能量守恒，也就是说，任何事物的存在都是有原因的，既不会无端产生，也不会无故地消失或者转移。其实，这个物理学定律应用到生活和工作中，也是同样适用的。因此，我们未来是什么样子，取决于我们的昨天、今天，以及未来的每一天付出了怎样的努力。

　　前阵子，由于工作的关系，我结识了一位新客户。她叫芝芝，公司里人送外号"拼命三娘"。芝芝已经在职场摸爬滚打近十年，时至今日她早已坐上了销售总监的位置，掌管着全国二十几家分店的业务。

　　聊完书稿人物专访的事情，正值下班高峰期，芝芝执意要送我去机场。

　　一进停车场，映入我眼帘的是一辆宝马9系的豪车。打开车门的一刹那，我不禁发出由衷的赞叹。然后在去机场的路上，我们聊起了她在职场上奋斗的点点滴滴。

　　"大学毕业时，我没有选择回到北方老家，而是只身一人来到了'满地商机'的广州，并成功应聘了一份销售员的工作。那时候还是挺苦的，底薪非常低，只有一千元。"

"顺利吗，刚开始的时候？"我笑着问。

芝芝笑着撇了撇嘴，说："当然不顺啦，那时我连续三个月都是只拿到底薪，而这些钱交交房租之后所剩无几，甚至连基本的一日三餐都保证不了。每天下班后回到家，我是又累又饿，最后都是哭着睡着的。"

"但正是无数个这样煎熬的昨天，才成就了你的今天和美好的未来啊，所以我们每个人都应该感谢每一个努力的昨天。"我坚定地说。

芝芝点点头说："是啊，以前真的是每天都是硬挺过来的。别的同事都下班了，我还待在办公室，想着多给一些客户打电话，多沟通，好多签一些订单；我查找了很多资料，为的是让客户感觉我有很高的专业度和可信度；这一单不成，我就多打几个电话……对于每一单中成功的和失误的地方，我都会一一做出总结，并找到解决方法。后来，慢慢地我的经验多了，客源多了，业绩也好了一些。"

我深有同感地说："是啊，除了需要这样不断努力，还必须做到坚持。当我们的业务已经熟练了，就得想着怎样努力上升到管理层。"

芝芝点点头说："每天一下班就抱着一堆管理学、人事方面的书籍研究，想方设法地跟上级主管多交流。为了更好地融入管理层的圈子，只要有聚会我就参加，学习别人是如何交际的，以此来提升自己，让自己的言谈举止更得体。"

"在努力奋斗的过程中，有没有觉得难受或者想过放弃？"我好奇地问。

芝芝淡然地说："说实话有过。因为这样的饭局很多，每次我都不得不喝很多酒。回到家，第一件事就是跑到厕所哇哇地吐，每当这时，我都在问自己：还要不要这么拼命？但我总是这样告诉自己：要想明天轻松一点儿，就得在昨天和今天加倍努力；要想成长为职场女强人，就一天都不能松懈。只有逼着自己顶住压力，不断进取，才能得到自己想要的。我记得自己那时大概有半年的时间，下班后都没有休息过。每天忙着一个又一个的应酬。不过，付出总会有回报，至少我在为人处世方面就收获不小。"

我也颇为感慨地说："是，我经常收到读者的来信，他们不是在诉说自己的困难，就是抱怨工作有多辛苦，觉得自己越忙越累越迷茫……其实，每个人每时每刻都在遭遇着不同的人生经历。无论我们正经历着什么苦难，都一定要坚持下去，过好每一个昨天，努力每一个当下。要知道只有尽自己的最大努力过好每一天，我们人生的下一个十年，才能过得更好。"

我俩相视一笑，眼睛看向了远方。

昨天和今天的努力，或许换不来立马的成功，但能让你得到更多的经验。无论你还是我，都会在这个努力的过程中遇到麻烦、困扰、疲惫，甚至不如意之时十之八九，但是那又有什么关系呢？只要我们不放弃，努力在当下，明天就一定会更好。反之，如果我们做什么事情都是"明日复明日"式的虚度时光，明天也会和昨天、今天一样，最后只剩下后悔和更多的烦恼。

乐乐是我小时候的邻居，学习成绩很优秀。她生得一副高挑的身材，清秀的面容，所有人见了都夸赞"这孩子将来一定有出息"。乐乐也顺理成章地成为我年少时努力的榜样和标杆。

然而大学的自由生活，却让乐乐姐有点忘乎所以，她当时的想法是"明天再说，反正大学要读四年呢，时间还长"。

记得有一次，我暑假补习班放学时，路过乐乐姐家，就听见她在和父亲争吵。

"你考上大学就忘本了？每天不好好学习，就知道上网聊天、睡觉、逛街买东西。你就不能学点东西吗？毕业的时候什么也不会，看你怎么办？"

我从乐乐姐家的门口偷偷瞟了一眼，只见她皱着眉头，双手捂着耳朵，愤愤地说："不用你管，还早着呢，我有自己的打算。"

四年时间一晃就过去了。临近毕业时，乐乐姐不仅英语四级没通过，而且还有好几门功课不及格需要补考，最后连学位都没有，只拿到了毕业证。乐乐姐只能回到自己的家乡，在一家小公司做了一名出纳兼文员。

乐乐姐似乎已经习惯了这种"凡事都留给明天"的行为习惯，对待上级安排的工作，只要没说明期限，就一直拖到最后一分钟才完成。因此，无论上级主管还是周围的同事，都对她的工作表现很不满。而乐乐姐却觉得就算怎么努力，也不会熬出头，就索性选择了辞职。

后来再遇到乐乐姐时她说自己正在准备考研。可没过几天，我就听说她还是决定放弃，因为家人给她安排了一门亲事，对方是个大老板，婚后可以做个全职太太。

没想到几年以后，再次见到乐乐姐时，她穿着一身正装，手里拿着一沓简历，正垂头丧气地往娘家走。

我从老远就喊她："乐乐姐，乐乐姐。"

乐乐姐似乎在想事情，并没有理我。我快跑几步追上乐乐姐，拍了她肩膀一下，说："怎么了，乐乐姐，你不是应该在家相夫教子吗？今天怎么有空回来？难道是心有灵犀，知道我有问题要请教你啊？"

乐乐姐提不起一点精神，叹了口气说："我有什么好请教的？我的人生完全是一团糟，都怪自己当时不努力、不上进。我现在一找工作才发现要什么没什么，没工作经验，岁数也不小了，我感觉自己被社会抛弃了。要是当年我能踏踏实实地努力学习，肯定不是现在这个样子。你要是真想请教我什么，我只想告诉你：人千万不能在时间面前蹉跎，尤其不能贪图一时的享乐。唉，说什么都晚了，我这就是自食其果。少壮不努力，老大徒伤悲。我现在才真正懂得这句话的深意啊。"

我赶忙安慰乐乐姐："其实，什么时候努力都不晚。既然过去的都已经过去，那就从现在这一刻开始努力。我相信你一定可以的。"

"谢谢您的金玉良言。下次再见，祝你一切顺利。"乐乐姐向我挥手告别。

后来听说乐乐姐成功应聘上了一家公司文员，尽管实习期里学东西很慢，但是凭着一股韧劲和踏实肯干的心态，多次得到领导的认可与赏识。没过两年，她就成功当上了部门小主管。

在岁月的长河中，我们在昨天和今天做的每一件事或每一个决定，都像是随手播下的一粒种子。随着时间的推移，种子终会发芽、长高、开花和结果。因此，我们想要一个美好的明天，就从今天做起，认真做好每一件事，等到机会来了好好把握，就一定能够成就更好的自己。

就算世界变成冰天雪地，也无法熄灭心中的火

我时常喜欢把没有梦想的人比作一条"咸鱼"。乍一听有几分戏谑的成分，但实际上也有几分道理。人只要活着，就要怀揣梦想和希望。就算全世界都放弃了你，就算追梦的路上满是荆棘与艰辛，只要你心中有梦想，希望就会如星星之火一般，照亮你前行的路，指引你勇往直前。我跟我爹说，我想当武打明星，不想一辈子种地。"

"那时家人支持你的梦想吗？"我犀利地问。

阿伟如实地说："其实他们挺反对的，他们说我傻，说演员梦不是我这种没钱、没资源、没背景，也没有经过专业训练的人该想的事情。更别提什么梦想改变命运了，简直就是天方夜谭。所以，我那时就下定决心：无论多苦多难，都不向家里要一分钱。后来，我只身一人来到北京，开始了我的群演生涯。"

"是不是备受打击？当时的生活有多苦多难？"我追问道。

阿伟眼睛有些湿润地说："其实群演的机会也不是每天都有的，我就算再想做演员梦也得想办法生活。于是在北京的大部分时间是在找那种临时工的工作，像服务员、快递员、外卖员、建筑工人之类的。而我当时年纪小，什么技术都不会，做临时工也都是打杂的那种，一天只能挣到二十元钱。在工地上，为了多挣点儿，我就趁着别人吃饭时多搬点儿砖。我记得特别清楚：有一年除夕，大家都各自赶回老家过年。而我兜里没钱啊，别说买火车票了，除夕夜我连一只烧鸡都买不起。真是兜比脸还干净，身上只有两元钱。晚上，我找了个建筑工地的工棚，然后买了一元钱馒头，接着找了个公共电话打给家人，笑着告诉他们：'我在北京挺好的，学会了演戏，现在剧组正忙，我走不开，不能陪他们过年了。'"

"环境这么苦，似乎看不见一点希望，你就没想过退缩吗？"我接着问。

他使劲睁了睁眼睛，忍住了泪水，说："也动摇过。当时周围的老乡和工友都笑话我，说我是不是想演戏想疯了，连饭都吃不起，还谈什么梦想。我每天躺在床上的时候也在思考：自己来北京的目的是什么？是为了挣钱，为了找份好工作？都不是，我脑子里就浮现着'演员'两个字。我越来越坚定地认为做演员就是我的梦想，那时候我每每想到梦想心里就亮起一束光。因此，为了坚持梦想，为了继续生活，我必须得常去电影厂门口等着接戏，就算是饿着肚子也得去。就这样一直坚持着，刚开始的时候，七元钱演一次死尸，我拜托副导演把我的演绎过程用照片记录下来，然后自己再花二十元钱洗照片，等到再有导演找演员时，我就发给他们看。工友们看我这样，更不能理解了，说这破照片人家看完就扔了。"

"你当时是怎么想的？为什么还要坚持？"我继续追问道。反之，如果只把梦想停留在口头上，就算有良好的条件和机会，有人支持，自己也会因为受不了苦而选择放弃。

记得最初写作时，我曾经加入过一个QQ群——"创意写作提升群"。这个群其实就是一群爱好写作的人凑在一起，跟着一些有写作经验的老师学习具体的写作方法的交流群。

刚开始的时候，群里很热闹，成员有近两百人，大家都摩拳擦掌，急切地表达了想要提高写作能力和技巧的愿望。

写作老师很严格地说："我要的是你们深思熟虑后的成稿哦，不是流水账。这样吧，我提个要求：每周每人至少要写三篇文章，体裁和题目不限，篇幅一千字以上，没有版权问题。大家觉得能不能完成？"

大家都很积极地表示同意，信誓旦旦地答应会按时交稿。结果到了周末，我发现群成员少了十几个人。这时有人打趣道："看吧，不按时完成作业的，都被老师踢出去了。大家为了写作梦想，还得继续加油啊！"

第二周，大部分人都比较努力，因为不想被踢出去，都很认真地完成了老师布置的作业。尽管那段时间我很忙，但还是熬夜赶出了三篇。周末又到了，此时群里又少了五个人，而且很明显他们是自动退的群。其中有几个人我认识，我就私聊他们询问情况，结果他们回复："单位太忙，不是加班就是有应酬，着实没时间写。""哎呀，最近老婆和孩子都生病了，实在是脱不开身，等有机会再重新来过吧。""随便写写的时候，感觉要写的东西挺多，真的让我按照老师教的模式去写作，发现什么也不会了。我的作家梦可能只是个梦吧？"

到了第三周，还是和上两周一样，又有几个人陆陆续续地在交作业之前退群了。

一天，写作老师颇有些感慨地说："同学们，看着每周有人退群，我感觉很可惜。大家聚在这里，都是因为怀揣着同样的文字梦想，但是通向梦想的路并不好走，可能路程也很长。因此，只有真正心怀梦想的人，才能坚持下去；而那些熬不过去的人，会因为懒散和各种羁绊而放弃梦想。"

因此，如果有人此时也正在逐梦的路上，我想大声告诉他："加油！在通往梦想的路上，你也许会遇到各种困难与挫折，但坚持住了，熬过去了，梦想总会有实现的一天。"

没有过不去的坎，只有不想走的人

　　老和尚和小和尚在悠长的峡谷中寻觅了几天几夜，始终找不到出路。小和尚有些垂头丧气地说："长老，我们不会老死在这山谷里吧？要是找到出山的捷径就好了，就不至于兜兜转转出不去了。"老和尚笑着说："人世间怎么会只有成功的捷径，而不遇到困难呢？就好比这高山与峡谷，没有高山，哪里会有峡谷之说呢？"

　　小和尚叹了口气，说："可是我们都找寻了这么久，还是没有结果，我现在一步也走不动了，我情愿死在这里算了。"老和尚捋了捋胡须，说："那是因为你一直在低头找路。"小和尚惊讶地抬起了头，说："可是，抬起头还不是一样找不到路，一样绝望？"长老有问："告诉我，你看见了什么呢？"小和尚回答："还不是一座高山连着又一座高山？"长老点点头，说："对啊，只要遇到困难时不绝望，抬起头向想办法找出路，就没有过不去的坎。"

　　这是父亲在我小时候常讲的一个寓言故事，当时的我还不怎么理解老和尚的话的深意。长大后我才渐渐明白，在遭受挫折和重创后，一味抱怨和颓废不振没有任何作用和意义。

我有个表弟叫小鹏，去年刚从师范大学毕业，一心想考事业编初中历史老师。临近考试时，小鹏总打电话向我请教："姐，你说我该怎么试讲啊？一想到台下都是陌生人，我就好紧张。"

我鼓励道："你就把他们都当成大白菜，讲好自己的课就行了。先把初中历史课本过一遍，这样可以对整个知识脉络有清晰的把握。然后从初一课本中选几节做好备课练习，想好怎么给课程做个引述，设计好板书，找出重点和难点，总结学习方法，这样讲下来肯定没问题。"

可是小鹏似乎没听我的建议。到了考试那天，抽到第一个上台讲课的他，一下子就慌了手脚。结果，同去的其他几个同学都考上了，只有小鹏名落孙山。

晚上我给他打电话，他已经关机，甚至把家里的电话线都拔掉了。我赶忙打给小姨。小姨有些心疼地说："这不是没考上事业编吗？一回来就把自己关在屋里，一天都没吃饭了，也不让我们过问。我听着情绪不好，一会儿哭一会儿自言自语的，真让人担心啊。这孩子没经历过什么挫折，不知道能不能过得去这个坎儿？"

我赶紧安慰小姨道："您也别太担心。他已经长大了，会想明白的。等我过几天回来去您家开导开导他。"

等我从外地赶回来，发现小鹏大白天拉着窗帘还在睡觉。我揪着他耳朵，说："喂，这都快中午了，你妈午饭都做好了，你还在睡觉？"

小鹏眼睛都没有睁开，只是懒洋洋地说了一句："我一个不上班的人，起那么早干吗？"

我纳闷地说："是啊。可是你已经大学毕业了，就算没考上教师，也可以找个私立学校先作为过渡磨炼一下自己啊。等到明年再招考的时候，你有教学经验了，考试也就不会再怯场。"

他哽咽了一下，说："我再也不想当老师了。"

我鼓励道："也可以啊，反正现在的孩子不好管。你可以尝试其他感兴趣的领域，要不来我公司做编辑？"

"我一个学历史的，还能当编辑？我电脑操作上可是个'小白'，也没有写作经历，更别提好的文笔了。"

我有点生气了，严肃地说："你错了，大错特错。你把没考上教师当成了人生最大的失败，但其实这不过是一次很小的挫折。小时候学走路，大人总是教我们摔倒了就自己爬起来，再练习，慢慢就能走得稳当了。找工作也是一样啊，一次考试没通过，难道就说明你这个人什么优点都没有，什么工作都干不了吗？是你在自我否定，觉得自己什么都做不了，不肯尝试，不再努力。如果你再这样继续下去，就算明年学校还有招收名额，那个名额也不会属于你，因为你已经放弃了努力，放弃了自己，把机会让给了比你更努力的人。"

小鹏怔怔地看着我，若有所思地低下了头。我走后，小鹏第二天又开始投简历、找工作，并很快被一家新开办的私立小学录取了。

任何人都会遭遇困难与挫折，这时人在精神上更易出现悲伤、失落等情绪，这是很正常的。但是请记住，只要你还活着，就别轻言放弃。因为学会坦然面对，坚强迎接新生活，就算很辛苦，也比轻易放弃后再后悔要好得多；因为只要我们能接纳失败和挫折，跟自己和解，不埋怨不抱怨，开始一点点努力改变，就没有什么过不去的坎儿。

赵姐是我以前租房时的邻居，她开了一间十几平米的小吃店。一个周末，我起得晚了，赶紧下楼吃早餐。

我一进门就说："赵姐，来碗豆腐脑，一个素包子。"

赵姐笑盈盈地说："来得真是不巧，包子刚好卖完了，就喝碗粥来个鸡蛋吧。"

我点了点头，说："好。不过平时总见你一个人忙里忙外，怎么也没见你老公来过，是在外地打工吗？"

赵姐端来了鸡蛋和粥，笑着说："没有，他在家呢。"

旁边有个老主顾说："你还不知道吧，赵姐可是个苦命人。她前夫在一次车祸中去世了，只留下一双儿女。现在这个老公在工作中眼睛不幸受伤，以后也不能工作了，家里的老人一下子接受不了现实也病倒了。所以啊，她可算是个主外又主内的女强人啊。"

我惊讶地看着眼前这个和蔼的老大姐，认真地问："很辛苦吧？一个人照顾家人，又要开店，忙得过来吗？"

赵姐仍是笑呵呵地说："就是苦点儿累点儿呗，这不都挺过来了嘛。没什么困难是过不去的。我只想让家人过得好一点儿，再难也不能倒下。我自己最多就是辛苦些——早晨起得早一点儿，晚上回家再照顾一下家人的吃喝拉撒，准备一下第二天的食材，然后晚睡一点儿。不过现在好多了，有了帮工，感觉轻松了不少呢。再加上你们这些老主顾的照顾，我觉得好日子还在后头呢。"

我点了点头，说："嗯，是啊，不能先把自己吓倒。人只有战胜恐惧，学会迎难而上，才能迎来美好的生活；只有不认输，咬牙走过艰难的路，才能看见幸福的曙光。"

很多人都说人生充满了起起落落，我则觉得人生就是起起落落，落落起起……无论被生活打倒多少次，只要挣扎着多站起来一次，我们就赢了。

沿着这条路一直走，前方永远有束光

关于人生，关于梦想，总是绕不开"该放弃还是该坚持"这个亘古不朽的话题。尤其在我们遇到阻碍或者艰难时，更易轻言放弃。其实只要心存希望，再多坚持一点点，就会离梦想更近一步。

我的闺密静静最近忙得有点儿焦头烂额，只要是周末，她就拉着我陪她到处看房。

一个炎热的周末，我又被静静拉走了。在路上，我故意逗她说："你最近可有点儿拼命的架势啊，和你温柔娴静的性格有点儿不搭啊？为了陪你四处寻觅，我的高跟鞋都磨坏了。"

静静有点儿不好意思地说："哈哈，最近麻烦你了，中午我请客，好吧？"

"逗你呢。我就是心疼你，瞧你整个人都瘦了一圈。话说你毕业后在少年宫和群艺馆不是教得挺好的吗？干吗非要出来单干啊？"我好奇地问。

静静笑笑说："我这人挺固执的，喜欢一条路走到黑。小时候一个远方亲戚无意的一句话：'这孩子柔韧性这么好，是个跳舞的好苗子。'我就开始了学习舞蹈的生涯。可是她的舞蹈房离我家真的好远，骑自行车得四十分钟的车程。刚开始，爸爸妈妈骑车送我去，后来他们工作一忙，就觉得学舞蹈没什么用，还耽误学习文化课的时间，不想送我去了，我就执意自己骑车去。父母跟我定下了规矩：语文、数学和英语单科成绩不能低于98分，否则就再也不能去学舞蹈了。于是，我只能拼命地学习，因为太怕失去学习舞蹈的机会了。但是你知道东北的冬天有多冷吗？零下二三十度，戴着两层手套骑车上课，到教室时手脚都是麻的，还生满了冻疮。我的身体素质不太好，总是生病，为了把身体锻炼得棒棒的，我就每晚写完作业以后，一个人绕着楼下操场跑圈。后来我考上了大学舞蹈系，终于有机会把舞蹈的梦想发扬光大了。"

我听完心里有些发酸，竖起了大拇指说："厉害，为你的坚持和不间断的努力点赞。不过就这样放弃轻松又高薪的工作，选择自己创业，你就不担心吗？你的家人就没表示过反对和不理解吗？"

静静看了看天空，说道："其实我们在不同时期有不一样的梦想，但是能坚守最初的梦想的没有几个，而我只想做一个为了追逐梦想就算爬得慢一点，也不断坚持攀爬至塔尖的小蜗牛。另外，我通过大量实践发现，现在的教学体系有很多不科学的地方，而要想有所突破和改变，我就必须离开固有的体制。"

我恍然大悟道："是啊，每一个像你我一样的小人物，想要实现梦想就必须学会'一条路走到黑'，于是你就干脆辞职单干。我听说你为了租房办学，把家里的房子都卖了，现在是在租房子住。你这样孤注一掷就不怕最后赔得一无所有吗？"

静静淡淡地说："我会一直走下去的。我的想法很简单——推广正宗的爵士舞。我希望通过自己的摸索和总结，让爵士舞的教学体系更科学，更有利于孩子的身心发展。就算有很长的路要走，就算开始时招不到几个学生，我认为这样的坚持也是有意义的。教育本身就是一件非常有意义的事情，因此即便遇到再大困难，我都会走下去。我相信只要坚持不懈地走下去，就一定会看到希望。"

就这样在那个最炎热的夏天，瘦弱的静静只要听到有好的房源就去看。一个月的时间，她跑遍了北京的大小社区，周边的学校她也摸清记牢，整个人都瘦了一圈。

千挑万选之下，她终于选定了一处房子。接下来，装潢又成了问题。为了装成自己喜欢的模样，她把装修的事情交给了自己的亲戚。但是刚踏入装修行业的亲戚，总是装不出她想要的感觉。就这样装了拆，拆了装，反复装修了近十个月，才总算大功告成。

尽管刚开业时免费试课的只有三个孩子。可是为了给孩子们编排舞蹈，静静通过杂志、电视、互联网收集各种资料，一直反复思索怎样编适合孩子的舞蹈动作。甚至连晚上做梦时也在想，好几次因为想得太专注走错了路还全然不知，有一次还撞了树。后来，名气慢慢积累了起来，静静现在已经带了上百个学生，成为小有名气的舞蹈培训老师。

因为肩负梦想，所以我们愿意在充满压力或看不到尽头的情况下选择继续坚持。我们坚信，有时只要坚持下去，就会有不一样的收获。

记得上初中的时候，我最怕的就是背单词和句型。为了提高英语成绩，我也曾虚心请教英语老师，老师说："苏格拉底曾经给学生们出过这样一道测试题：让同学们尝试做一件简单的事，就是把手臂尽量往前甩，再往后甩，每天甩臂三百下。就是这样看似简单的事情，一个月过去了，只有百分之九十的同学做到了；又过了几个月，只有百分之七十的学生坚持了下来；一年后，只剩下一个学生在坚持做，他的名字就是柏拉图。其实学习英语或者其他任何学科都是一样的，你记住：熟能生巧。英语最重要的就是一遍遍地背诵和重复记忆。"

尽管我对英语的学习没有丝毫的兴趣，但是为了考试，不得不一遍又一遍地朗读和背诵。基本上不到五十遍时，我就记住了，甚至后来还有一种莫名的成就感。

老师的那句话让我受益匪浅，于是我把它牢牢记在了心间。我的身体素质一直不好，平常只要有同学感冒、咳嗽，我一定是第一个被传染的。而且我的体育成绩相当差，尤其是八百米长跑，简直是我的噩梦。

后来，我就坚持每天放学后在操场跑五圈，早晨在我家楼下绕着住宅楼跑二十分钟。可初二时，学校搬到了新校址，操场没建好，坑坑洼洼的泥地上，到处都是硌脚的石子和沙子。每天我就这样深一脚浅一脚地坚持着，因为我知道要想考上好的高中，体育成绩必须得满分。

中考体育当天，我冲过终点那一刹那，只听见老师说："第一名，两分半，满分。"

"不积跬步，无以至千里"，无论是梦想，还是生活中的小目标都需要我们为之努力与坚持。时至今日，我还是相信这句话：无论做什么，不断坚持就能得到想要的结果。

即便生活是一团乱麻，
也不妨碍我们活出最美好的样子

　　生活有时候就像一团乱麻，剪不断理还乱。在苦难面前，我们别无选择，能做的就是坚强面对。

　　我想起了一个美容护肤机构的创始人——靓靓。初见靓靓是在一个洒满阳光的午后，她坐在大玻璃窗前，与客人们一起喝着咖啡，唇红齿白，低眉浅笑，举手投足都是风情和美好。

　　这样的女子似乎生活优渥，事业顺遂。可后来我才知道，靓靓的生活并不如看起来那般光鲜，她也曾经历不少苦难和伤痛。

　　一日，我做完了护肤，被靓靓叫住一起喝茶。席间我俩都打开了话匣子，聊起了各自的经历。我率先发问："我听您的员工说，您是个颇有传奇色彩的女强人，能否有幸听听您的故事啊？"

　　靓靓一边倒茶，一边笑笑说："哪有什么传奇故事，不过是被生活多摔打了几次罢了。我是一个单亲妈妈，也是一个正在接受治疗的癌症患者，如今还是四家美容护肤连锁机构的法人代表。"

我不由得有些惊讶，"您这么成功，为什么会离婚呢？"

靓靓眼神有些闪烁，有些哀伤地说："我是个孤儿，中专毕业后，在一家美容店工作没多久，就经人介绍认识了我前夫。当时我觉得他人比较老实，又有自己的事业，于是相处不到一个月，我们就火速结婚了。他向我保证，婚后我只要照顾好家和孩子就行，他负责养我，就这样我婚后成了全职主妇。可是，刚生完宝宝那会儿，剖宫产留下的刀口恢复得不好，每次喂奶，我都疼得直掉眼泪。可是他从没有关心过我，整天夜不归宿，我不仅要自己带孩子，还洗尿布，做饭、收拾家。我唠叨几句，他反倒说我不挣钱没资格说三道四。"

"生活本就有很多不如意，爱情和婚姻也是一样。"我安慰道。

靓靓接着说："……直到女儿四岁的时候，我因轻微脑炎住进了医院，在医院里女儿对我说：'妈妈，爸爸为什么用板凳打你的头？'当时我非常震惊，丈夫一年前的一个暴力举动，竟然在孩子小小的脑海里留下了如此深刻的印记。当时我就发誓，我一定要坚强起来。出院后，我没有哭也没有闹，我们和平地办理了离婚手续。然后我带着女儿搬出来，租住在一间小平房。那时我仅有的一点工作经验就是美容，我想把学过的美容技能再捡起来，但是那些皮毛知识还远远不够，于是就找亲戚和朋友借了几千元钱，报名参加了美容培训班。刚开始听课的时候，我带着女儿一起；后来到了实践阶段，就只能把孩子反锁在家里。有几次我忘记给女儿留饭，女儿饿得直哭，哭累了就趴在床上睡着了。每次一想到那个画面，我的心就疼得直抽。我紧紧地搂住女儿，告诉她更是告诉我自己，一切都会慢慢好起来的。刚开始我也只是给人打工，后来慢慢有了经验和自己的圈子，又学习了专业的管理经验，我就开了自己的第一家小美容院。"

我轻叹了一声，说："那您也算是苦尽甘来了，现在美容院也发展得很不错呢。"

靓靓浅笑了一下，说："是啊，可是生活就是喜欢捉弄我。开到第二家连锁店时，我突然感觉身体越来越易疲劳，尤其是胸部出现硬块。到医院一检查，我竟然患上了乳腺癌。当时女儿正在准备小升初的考试，我不敢告诉她，也不敢告诉朋友和同事。于是，我以出差为名，悄悄住院进行了乳房切除手术。术后看着自己缺失的乳房，我感觉自己已不再完整，心里难过极了。除了精神上的痛苦，身体上的不适同样折磨着我，术后要接受化疗，每次化疗完，总是感觉饿得前胸贴后背，可一见到食物就恶心想吐，就连喝水都是苦涩的，吃那些药就觉得身体里像有个火盆在灼烧。还有我原本一头乌黑浓密的秀发，开始疯狂地掉……"

我关切地问："那您现在身体怎么样了？"

靓靓说："我也算是走过鬼门关的人了。现在我每年都会做体检，医生说已经没什么大碍了。"

对于生活中的苦难，我们可能无法——预料，但是当我们选择坚强，便能穿越困难，找到生命的甘泉，拥有活下去的勇气和信念。因此无论多么艰难，无论有多少烦恼，无论身心多么疲惫，我们都应该做一个活出精彩、活得精致的人。

我记得上高中时，隔壁高三班有个女生叫艳玲。尽管艳玲学习非常刻苦，每次模拟考试都名列前茅，但由于艳玲的父母都是农民，身体又不好，为了照顾父母和弟弟妹妹，艳玲无奈之下在高考前选择了退学。

后来，我在校外的一个小餐馆里见到了艳玲。她穿得很朴素，大概就是地摊上那种几十块的衣服。见她收拾着一大堆碗筷，我赶紧过去帮忙："艳玲姐，过得怎么样啊？"

艳玲其实根本不认识我这个小丫头，被我这么一问，有些不好意思："你怎么认识我，小妹妹？"

"你可是我们低年级学生眼里的学霸啊，听说你退学了，我们都替你感到可惜呢。"我答道。

艳玲笑着说："那都是过去的事了。我现在过得也不错，靠自己的双手养活自己。我带你看看我的住处吧，就在后院。"

虽然艳玲住的是一间只有十几平米的小房间，但是门窗、墙壁都擦洗得很干净。屋内的陈设也很简单——一张床，一个小桌子，一盏台灯和很多本书籍。

"真好。你每天晚上还看书学习啊？"我好奇地问。

艳玲点点头，说："嗯，没客人的时候，厨房、前厅、厕所都打扫干净了，我就喜欢抱着一本书读。我特别害怕自己以后学历不够，这不，我现在在自学企业管理呢，过一阵子要参加考试。"

我佩服极了，连连称赞道："我发现你身上有种独特的魅力，就是那种即使生活再苦再难，也不会放弃自己，不会放弃希望的不服输劲儿。你活出了自己希望的模样。我相信你的未来一定会越来越好。"

艳玲笑笑说："哪有你说得那么伟大啊。我只是觉得人生在世，不管是好的还是坏的事情，都需要我们坦然地面对。无论处在什么环境下，我们都应该活出属于自己的那份精彩，比如：我生活的地方很狭窄，但是我收拾得很干净、很温馨；虽然我的衣服不是什么名牌，但是我穿着得体、舒适、整洁；虽然我每天主要的工作就是刷盘子、洗碗、刷厕所，但是我的手依然保护得很好，白白嫩嫩的。当然最重要的是，我有书相伴，我感觉自己的精神世界是充实的。"

现在回想起来，我之所以喜欢艳玲姐的状态，大概就是因为生活再怎么乱如麻，也没有在她身上留下痕迹，她活出了自己希望的样子。

后来没过多久，由于艳玲姐工作认真，对顾客态度热情，被提拔为餐馆经理。

既然改变不了生活，那就去努力适应环境，但是要记得让环境与自己的追求相契合一点，让我们的生活变得有滋味一点，让单调的生活有奔头一点。

No.3

哪怕站在世界的角落，也要释放
自己的精彩

站在无人的角落里，才能感受到真实的自己

　　在无人的角落里独处，我倒认为这是一种不错的自我调节办法。这世上没有什么事情比独处更让人快乐的了。世界的节奏太快，每个人都有数不完的事情等着解决。如果有一片属于自己的小天地就好了，不用担心外面的喧嚣嘈杂，可以在那里静静地歇息，直到满血复活后，重新出去征战四方。

　　如果一个人想深入地了解自己的内心，那么不妨试着独处吧。独处可以锻炼自己的耐性，消磨掉你在生活中的浮躁和锐利，营造出一种宁静致远的意味。即使在未来的日子里过得并不一帆风顺，也能靠着努力慢慢扭转局势。

　　我有一个闺密，从小到大都是别人眼中的女神，家长口中称赞的学习对象。她不仅品学兼优，外貌更是如花似玉，在我们这些朋友眼里，她几乎就是完美的化身。大学毕业后，她凭借自己的能力开了一家公司，成为大众口中的女强人。她的学识、美貌、财力几乎达到了巅峰，还有什么是她

所没有的呢？没想到有一天她的一通电话让我改变了对她的固有看法。

"我很累，出来陪我坐坐吧。"

"你怎么了？发生什么事了？"我关切地问。

"我们在你家楼下的咖啡馆见。我等你，来了我们再说。"

挂了电话，我匆匆换好衣服出门，在咖啡厅拐角的第三个卡座上看见了她。她眉宇间满是倦色，眼睛下方还有因为长时间熬夜导致的乌青。

"你没事吧？"我有些担心地问。

"想说这些话很久了，你知道吗？也许在别人看来，我一直是光鲜靓丽、风光无限的，我出现的场合永远都是被人们巴结称赞着。可是当宴会散场之后，我回到家，脱下高跟鞋，卸掉娇艳的妆容，安安静静地坐在梳妆台前，我才觉得自己满身疲惫。"

"我不是不喜欢这份工作，我只是觉得好累，想歇一歇。"她无奈地说。

听她诉说完这些，我什么都没说，只是把她带回家，让她自己安安静静地休息一个晚上。第二天，她果然已经没事，我们又像从前那样嬉笑玩闹，她像个小孩子似的举着粉拳为自己鼓劲加油。

我觉得有时候安静独处，更容易让自己把情绪宣泄出来，让人第二天满血复活。负面情绪谁都会有，它如影随形地存在着。但是你有没有想过呢？静静地歇息一会儿，这些情绪就会慢慢淡去。我们可以接受短暂的失意，但是不能一直被这种情绪所累。

人生百态，总有一些事需要自己去面对，无论是亲人、爱人和朋友，都不能代替我们去解决这些事，因为总有一些伤痛需要我们自己去扛。而与孤独相处，能磨砺自己的内心，完善自身的人格，成就更好的自己。在这个诱惑十足的社会，我们的神经与眼球时刻被刺激着，当某一处空间只有自己存在的时候，扪心自问自己的理想和目标究竟是什么，静下心来好好感受内心的声音，听从内心的想法。独处不意味着远离群体，只是暂时地抛却身上的重担，沉寂在无边的静谧之中，待到明白自己心中所想，就会重新归入社会这个大家庭之中。

我从小到大一直都乖巧听话，从来没有忤逆过母亲，唯独在报考大学志愿时和她产生了分歧，我们母女爆发了有史以来最严重的一次争吵。母亲红着眼对我说："你要是真去那么远的地方上学，就再也别回这个家。"而我也梗着脖子毫不示弱地说："这是我自己的事情，我的人生难道不能自己做选择吗？"母亲的手扬起又落下："你知不知道我只有你这一个女儿……"

父亲见我们吵得不可开交，忙把我拉回屋子，问道：

"你真的考虑好了吗？既然是你自己做的选择，以后无论什么结果都不要后悔。还有你妈妈年纪大了，你不要跟她吵架，自己静下来好好想想，好好同她说，她不会跟你犟下去的。"

"我知道了，我会好好想一想的。"我若有所思地点了点头。

之后，我在房间里独处、思索，思考我的梦想到底是什么，是否想清楚了未来自己要走的路，是否愿意为了梦想坚持、努力。

突然，屋门吱呀一声被打开了，原来是母亲。她为我端来一杯热牛奶，脸上有些难为情，说了一句"快趁热喝，别熬夜了，早点睡"，就准备转身离开。

我忙拉住她的手，扭捏了半天说："对不起，妈妈。"

妈妈使劲地将我搂在怀中，说："傻孩子，你还不能体会'儿行千里母担忧'，其实妈就是舍不得你，都是关心则乱啊。"

"可这是我的梦想，妈妈，我真的特别想去。"我认真地说。

"这只是一所普通大学，你不后悔吗？"妈妈忧虑地说。

"我不后悔。"我坚定地说。

如今，我已经拥有了自己的公司，在外人眼中称得上是春风得意，也成为父母眼中令他们骄傲的女儿。我很庆幸自己当初能够冷静下来，仔细地思考自己的人生，清楚自己心中想要的究竟是什么，并为了心中的梦想去拼搏和努力。

人类是一种群居动物，总是习惯了跟随群体一起吃饭、一起玩乐、一起旅行……一旦突然安静下来，内心就会表现得异常慌张。其实，安静并不意味着全世界只剩下自己一个人，长时间的独自思考，只会令自己的处世态度更加成熟与乐观，并在安静中看清自己，找到未来的方向。

这就好比春日随处可见的青草，在地下沉寂了一个冬天后终于破土而出，将稚嫩的身躯舒展在温和的春风里。随着季节的轮转，它逐渐长大成为这万千翠色中的一员。它的生长过程是无声无息的，从生机勃勃到枯萎凋零只需短短的四季更迭，可我们却在它身上见证了一个生命的诞生与湮灭。在一份静谧的时间里，做自己喜欢的事情，让身心在这片空间里徜徉，暂时放下生活中的忧愁，试着整理自己的思绪……未尝不是人生的一大乐事。

独处带给我最大的感受，就是即便前路漫漫，充满了无限的艰难险阻，也能调整自己的心绪去适应周围的环境，让自己不再害怕孤独和寂寞，让自己期待破茧成蝶时刻的到来。

只要足够用心，不起眼的角落照样温暖

我特别喜欢葱兰，这种花长得十分像小葱，碧绿的叶子，亭亭玉立，生命力极顽强。尽管葱兰看起来十分不起眼，在校园的花坛或者马路旁的绿化带随处可见，但是当花季来临时，它静静绽放的那一刻，人们会惊叹于它的美丽。纯白的花儿展开身躯在翠色的枝叶中伸展着婀娜的身躯，像一位娉娉婷婷的芭蕾舞者刚刚跳完一曲《天鹅湖》。葱兰虽然外表质朴，生长在无人注目的角落里，却为车水马龙的城市增添了一丝绿意，也在路边停驻的行人眼中注入了几分活力。

曾几何时，我一直认为，只有站在足够高的高度时，才会绽放出耀眼的光芒，成为别人眼中光辉般的存在。可是当我看到了葱兰，我才突然领会到，我们即使在不起眼的岗位或者角落，也会有自己独特的美和光辉。

记得小时候，我在外婆家住过一段时间。那是一个非常美丽而安静的小村庄，漫山遍野都是动人的翠色和郁郁葱葱的树木，唯独出村的那条道路始终都是光秃秃的，一年四季皆是如此。而我们所在的小村庄里有位邮差叔叔，他看似已经过了不惑之年。听外婆说，邮差叔叔从二十岁开始，便每天往返几十公里为这里的村民送信，日复一日为人们传递或欢喜或悲伤的消息。

当时我父母在很远的城市工作，寒暑假我就被送回外婆家，因此每周只能靠一封书信聊表思念，收信的日子便成了我最开心的时光。因为我和外婆住在村尾，所以我的书信总是最后一个送到的。由于太想念父母，我也曾偷偷哭过好多次，有几次被邮差叔叔撞见了，从那之后，邮差叔叔和我约定，不管发生什么状况，都会尽快把信送到我的手中。

盛夏小村落的宁静，被一场瓢泼大雨打破了，不断涨高的河堤水位令整个村庄都弥漫着恐慌的气氛。

幸而村落的整体地势较高，水蔓延的速度并不是特别快，当漫到屋子里的水快到小腿的时候，我和外婆匆忙收拾衣物准备离开。我怅然地看向屋外那条小路，静静地叹了口气，前几日父母寄给我的信，算时间今天也该到了，不过邮差叔叔应该不会来了吧。

当外婆背好包裹牵起我的手正准备出门时，漫天的雨幕之中冲进来一个人，是邮递员叔叔！邮递员叔叔整个人几乎是从水里捞出来一般，发丝上还淅淅沥沥地滴着水珠。

他快速地抹了一把脸，从怀里掏出一张还残留着体温的信递给我，我震惊地看着邮差叔叔："为什么还要过来送信？"

他憨厚地笑了笑，说："你们家是最后一站了，不碍事的。我想你也一定在等着这封信吧，我答应过你的事就一定会办到。"

说完，他又匆匆跑进了雨幕中，朝我挥了挥手。我望着他的背影，他并不高挑的身躯那一刻在我眼中变得无比高大。

人生在世短短百年，有时候一点儿不经意的善意也会变成一盏微弱的火苗，在毫不起眼的角落里带给别人无限温暖。

在深夜回家时，我们时常会因为窗内一盏昏黄的灯光而柔软了内心。因为在这个灯红酒绿、行色匆匆的都市，还有人愿意在深夜亮起灯光等候，是一种莫大的温暖。生活原本就是平凡的，而平凡自有熨帖人心的一面。几年前我最爱去楼下的小吃店用餐，它静静屹立在这个城市已经许多年，店面不大却十分干净，做出的菜品口味也实在不错。

某天中午，躲过了人潮的高峰期，待客人大多已经散去的时候，我踏进小店要了一碗简简单单的云吞面，坐下来准备品尝的时候，看见一对祖孙踏进了这家小店。

老奶奶坐下后，拿出钱袋数了数，询问老板："牛肉汤饭多少钱一碗呢？"当香喷喷、热腾腾的汤饭端上来后，奶奶将碗推给了孙子。

小男孩咽了咽口水，望向奶奶说："奶奶，您真的吃过午饭了吗？"

"当然了。"奶奶嘴里含着一块萝卜泡菜慢慢咀嚼。

一眨眼的功夫，小男孩就把那碗饭吃得干干净净。饭店老板看到这幅景象，走到二人面前说："恭喜您，老太太。您运气真好，是我们店的第一百位顾客，所以这顿饭免费。"

后来连续数月我再未见过他们祖孙二人的身影。直到一天中午，我看到那个小男孩正蹲在外面，不知道在地上数着什么，令无意间望向窗外的老板很是吃惊。原来小男孩每看到一个客人走进店里，就把小石子放进他画的圆圈里，可午餐时间就快过了，却连五十个小石子都不到。

店老板看到这种情况，忙打电话给那些老顾客"很忙吗？没什么事，你来店里吃碗汤饭吧，今天我请客"，像这样打电话给很多人后，客人开始一个接一个地到来。"八十一、八十二、八十三……"小男孩数得越来越快，终于当第九十九个小石子被放进圈圈的时候，他匆忙拉着奶奶的手走进了小吃店。"奶奶，这一次换我请客了。"

小男孩有些得意地扬起下巴。而真正成为第一百位客人的奶奶，让孙子招待了一顿香气扑鼻的牛肉汤饭，而小男孩像之前的奶奶一样，含了块萝卜泡菜在嘴里咀嚼着。"也送一碗给那个男孩吧"老板娘有些不忍地说道。老板却摆了摆手，看得津津有味，说："那个男孩正在学习不吃东西也会饱的道理呢。"

吃得津津有味的奶奶问小孙子："要不要留一些给你？"没想到小男孩却拍了拍他的小肚子，对奶奶说："不用了，我很饱，奶奶您看。"

待他们走后，我询问小吃店老板："为什么要这么做？"

老板在沉默良久后，突然说道："一颗善心可以助长一棵幼苗，棵棵幼苗可以成林。只要你用心观察，人与人之间的温情皆藏在平凡的一举一动之中。"

而如今这位老板已经开了数家分店，事业上可谓是春风得意。不过生活中，他依然是这么一副乐于助人的热心肠。虽然他后来帮助过许多人，做过许多件好事，但是始终令我难以忘记的，还是那个阳光明媚的午后，他对那对祖孙所说的话。他在无形中为窘迫的人们保留了自尊，将这份善意发挥得恰到好处。

那些你从未关注过的小事，可能会成为某个人心中极为深刻的烙印。那些看起来无人问津的角落，可能会因为某个人善意的举动而变得熠熠生辉。其实，不管前方的道路有多少艰难险阻，只要你足够用心，那些迎面而来的挑战注定会成为磨砺你的垫脚石。人生不一定要站在顶端才算功德圆满，只要足够用心，那些不起眼的角落也会散发温暖，绽放出令人惊艳的奇迹。生活中那些平凡至极的人，也会因为一颗真诚的心，做出连自己都意想不到的事情，或惊世，或绚丽，或精彩，或璀璨，最终成就自己心中的梦想。

不要以为别人会对你的人生负责

　　我身边有很多人问我这样一个问题："生活不是我想要的模样，我到底还应不应该继续听从家人的安排？我到底应该怎样生活呢？"这时我会反问他们："你觉得家人有可能照顾你一辈子吗？你遇到问题和困难时，家人能够替你解决吗？就算能代替你做某一次决定，能代替一辈子吗？"他们听后大多都会恍然大悟。是啊，让别人代替自己做选择，自己的人生指望别人负责到底，这怎么可能呢？

　　同事张强的儿子去年参加的高考，由于平时不好好学习，自然是名落孙山，别说三本了，就连专科也只是勉强能上。

　　一天上班，我看张强大哥对着电脑在发呆，不由得笑着问："怎么了，又在替你儿子发愁呢？"

　　张强苦笑着说："我都要愁死了。我们想让他复读一年，将来哪怕考个好一点的专科学校，掌握一项技能也好啊，起码未来找工作会容易一点儿。他却一副漠不关心的样子，让我们自己做决定。我心想，看来这孩子对复读没多大心气，干脆商量一下报考什么专业吧，而他依然一点儿都不上心，说让我们随便选，他自己无所谓，我们选什么专业他就上什么专业。这不就是典型的破罐子破摔吗？我们又不能一辈子养着他，他总指望我们替他做决定，难道他的人生我们来过啊？我真要气死了。"

到了九月份，我在电梯再遇到张强，他还是一脸愁容。我不禁追问："听说你儿子补录进了一家专科院校，你怎么还是一副开心不起来的样子？"

张强叹了口气，说："托门路找关系，我们好不容易才打听到这个学校电子商务专业相对好一些，录取分数线也不算高，总算被录取了。我想他趁着暑假打打工吧，让他去表哥的建筑工地当个安检员。结果呢，主管让他干活，他就在工地巡逻一会儿；人家不提醒他，他就找个角落玩手机。"

我安慰他说："哈哈，现在的小孩子都贪玩，你也别计较了。"

张强郁闷地说："回家后，我批评了他几句，他的火气还上来了，说反正以后找找熟人，总能找到一份工作……我观察过他平时写卷子，总是各种磨蹭，一会儿吃水果，一会儿偷偷打游戏，一会儿上厕所，一会儿浏览网页。我这时如果假意咳嗽几声，他还会略有自责地跟我解释说'自己浪费了很多时间，下次一定注意'，结果下次还是一样选择拖拉和逃避……还说什么，别人的父母都能给孩子安排好的大学、好的工作，为什么我们不能给他安排？好像所有的错误和问题，都是别人造成的，他自己一点责任也没有。"

我有些理解张强的苦衷了，劝慰道："其实现在很多青少年都存在这些问题，比如不懂拒绝，不考虑后果随意选择，机会面前不懂得当机立断，总等着别人的帮助或者指点，等等。出现这些问题的关键就在于，他们始终对自己的人生没有明确的规划，懒于设计自己的未来，不愿意为自己的选择埋单。一旦他们生活得不如意，就会以'这不是你们当初的决定吗'为理由来指责别人。而我表姐家的女儿，这次考得还不错，二本肯定没问题，但是孩子想要复读，坚决要上自己理想的专业和大学。虽然他们家不富裕，但孩子有这样的坚持和理想，父母就全力支持。我还是觉得，路如何走都要靠自己决定，他人提供的只能是建议，因为没人能管你一辈子，自己的人生还得自己掌握。"

张强点了点头。

每个人的天资、环境和学习方法各不相同，往往得到的结果也不同。但请记住：重要的是自己做抉择，以及为了你的选择和目标而不懈努力的过程。任何时候，都不能放弃自己，更不能指望他人替我们做决定。我们的人生路只能由我们自己设计，他人按照其自身的优势和特点设计的道路，不一定适合我们。人生就像一张考卷，成长就是答卷过程中的某一个环节，我们在答这张试卷时总会遇到各种难题，但只要我们努力去书写、去解答，总会收获令自己满意的成绩。

灵儿是我邻居的女儿，小时候因发烧误用消炎药，导致她的听力神经受损，一下子失去了听力，灵儿的性格从此也变得孤僻起来。以前见到我，老远就会朝我挥手；现在即使我们俩在电梯里面对面，她都不愿直视我。

有一次，灵儿妈妈带着她来我家，进门就跪倒在我面前，泪眼婆娑地说："我知道你认识的人多，你看能否帮我找找能接收聋哑孩子的跳舞机构啊？我找遍了全市，没有一家舞蹈机构肯接收。他们嫌弃灵儿是失聪，可是她真的喜欢跳舞。"

我赶紧上前扶起了她们母女，这时我发现灵儿一直盯着茶几上的芭蕾娃娃，一副羡慕的模样。从灵儿的眼神中，我读出了渴望和坚定。

于是，我想都没想便答应了。

我把灵儿带到了闺密开的舞蹈教室，可第一天上课，就遇到了困难。原来灵儿因生病已经很长时间没有练功，加上以前的训练也不够专业，韧带有些松弛，基本功明显不足。再加上沟通上障碍，我的闺密有些灰心，上了一半的课就把灵儿独自丢在了排练厅。

我看到灵儿的眼睛里噙着泪水，可还是坚持一遍一遍地练习着刚才的舞蹈动作。

尽管几堂课下来，灵儿的动作总显得有些笨拙，但是态度比其他人都认真得多。闺密把灵儿单独留下来，摸了摸她的头，冲她竖起了大拇指。灵儿终于笑了。

最难的问题是如何让听不见声音的灵儿感受节奏。我忍不住给闺密出主意："灵儿虽然听不见，但是能看见，你可以用手比划12345678的节拍，她完全可以理解和接受。"于是，灵儿就这样开始无声地跟着老师的手势练习。

问题又来了。如果比赛的话，灵儿不可能一直盯着老师的手势。于是，她俩又想出了用探照灯来控制节奏的办法，通过灯光的亮暗变化，来提醒灵儿节奏的变化。

每次上完舞蹈课，灵儿都会在自己的衣柜上贴一个便利贴，记录自己当天发现的问题和收获，比如："今天舞蹈的情绪表现比昨天好很多。""今天压腿不如平时认真。"

灵儿练习得很用功。每一个动作，甚至一个旋转、跳跃，别人练一遍，灵儿要练十遍。几个月后我再去找闺密，此时的灵儿正在积极为舞蹈大赛做准备，根本没注意到我的到来。听到这个消息我有些意外。见我一副惊讶的表情，闺密解释道："听不见声音未必是坏事，因为这可以帮她屏蔽掉一些杂音。灵儿是个能够牢牢掌握自己命运的人，她知道自己想要怎样的人生。我专门为她设计了这个舞蹈，让她用呼吸、用眼睛、用心去体味世界的美好。你可别小瞧她，这个参赛资格完全是她凭借自己的实力争取到的。"

我看着眼前这个无比认真的孩子，不由得心生敬佩。

踮起脚尖、旋转、跳跃……

灵儿终于登上了梦寐以求的舞台，不负众望，获得了舞蹈大赛的一等奖。

每个人只有一次活的机会，没有谁能够替代谁活着。如果我们虚度了年华或者让别人替自己做出了选择，即使这条道路走不通或者走得不开心，也没资格后悔。反之，我们自己为自己负责，自己为自己的梦想拼搏，那不管结果如何，我们都将无怨无悔。

如果身边没有观众，那就活出精彩给自己看

　　许多时候，我们不能像金子一样发光，是因为没有人为我们提供发光的条件，而我们自身也缺乏让自己发光的勇气。我们的内心深处总是渴望被人关注，但人们很忙，没有人会关注你的一举一动。如果你身边真的没有观众，请不要气馁，不妨活出精彩给自己看。

　　我在留学期间交了几个非常要好的朋友，Tina是让我印象最深刻也最佩服的一个。Tina长得高高瘦瘦，除了上课时间，不管到哪儿都戴着一副耳机。在我们还不太熟悉的时候，她给我的感觉是话不多，总是一副酷酷的样子。开始熟络起来是在一个周末，那天我正在宿舍里整理学习资料，她拿着一张海报跑进来问我知不知道这个中国歌手，还问了这个歌手的许多事情，我们就这样因为这个中国歌手成了好朋友。

　　课余时间，我们会结伴在咖啡厅打工，期间我看出Tina对音乐的喜爱，甚至可以说是痴迷。咖啡厅里有一架钢琴，

旁边有一个复古的话筒架，偶尔会有客人弹奏一曲，或者两位不认识的客人心血来潮合作一首。每次有人弹唱时，Tina的眼神就会变得不一样，还会小声地跟着唱，甚至不知不觉地沉醉其中，连其他客人要点单、结账，她都听不见。

一次，工作结束后，我打趣道："Tina，你是来打工还是听音乐的呀，怎么听得那么入迷？连客人叫你都听不见。"

Tina有些不好意思地说："我太喜欢唱歌了，一听到音乐声就会深深地被吸引。每当音乐响起来的时候，我感觉我的灵魂深处在和音乐共鸣。"

我有些好奇的地问："你是从什么时候开始喜欢音乐的呢？"

Tina眨着大大的眼睛对我说："我从小就非常喜欢唱歌，还曾立志长大后要当一名歌手呢。"说着，她就笑了："是不是很厉害？不过这条路走得并不太顺利。妈妈不看好我，说我的嗓音再普通不过了，她也并不认为我能实现这个梦想。我曾经央求她让我去上培训班，她没有同意，让我不要再做无用功，把精力都放在学业上。每当这个时候，我弟弟都会在一旁偷偷地嘲笑我。所以，我的家人不支持我唱歌，也从来不会听我唱歌，我只能在空闲时回到自己的房间小声地练习。"

我说："你在学校的时候也可以练习呀，唱给同学听呗。"

Tina又朝我笑了笑，说："我确实这么做了，一到课间我就会拉着同学给他们唱歌，刚开始还好，时间久了他们也厌烦了。后来，我就找地方自己练习，路过的同学还会说'你看，都没人听，她还唱得那么起劲儿'。不过，他们真的不了解唱歌带给我多大的快乐，所以，即使没有观众，我也要唱出动听的歌给自己听。"

我有些惊讶，她小小年纪竟对音乐如此痴迷，就问："那你后来没有学音乐，也是因为家人不支持吧？现在你还在坚持练习吗？"

Tina回答说："对呀，不过现在的专业也不错，不妨碍我完成梦想。我之前打听到一个非常不错的培训班，现在已经用在咖啡厅打工赚的钱报名了。"说到这里，她还左顾右盼地做了一个"嘘"的动作。我被她逗笑了。她接着说道："之前我没有接受过专业的培训，所以在培训班里成绩并不理想。第一次考核时，其他人都能得到热烈的掌声，而我唱完后全场都安静了，我知道我表现得不好。不过从那之后，只要一有时间我就多听歌，私下也会努力地练习。我有时还会去酒吧唱歌，即使没有多少人喜欢听，甚至有人很不礼貌地让我下去，不过这又有什么关系呢？别人的沉默或者嘲讽并不会让我退缩，反而会让我更加有动力。"

我期待地说："那什么时候给我唱一首呀，趁你现在还没出名，还不收演唱会门票，我得先听够，过足瘾哦。"

　　Tina哈哈大笑起来，说："我报名了学校举办的才艺大赛，一周后来听我唱歌哦。"

　　我调皮地说："如果到时还是没有人为你鼓掌，那我就率先带头欢呼，化解你的尴尬。"

　　一周后，终于听到了她那首直击人心的《You raise me up》，再联想到她的故事，我竟感动得落下了眼泪。歌声褪去，台下的掌声和欢呼声一直络绎不绝。Tina寥寥几句诉说了她不被支持、常被人嘲笑的梦想，可我知道她经历的困难与阻挠远远不止这些。她的坚持与信念一直影响着我——即使身边没有观众喝彩也无所谓，活出精彩给自己看就可以。

　　我们常常会羡慕那些站在高处的人，殊不知他们的台上一分钟，都是用台下十年功的努力换来的。一个人在名不见经传时，许多人会嘲笑他在做白日梦或痴心妄想；待其成功后，人们又会艳羡无比。其实，在实现梦想的路上，真的不用在意有没有观众，努力活得精彩就好。在这个世界上，没有人会活得一无是处，也没有人能活得毫无遗憾。如果你选择了自我塑造，在成长的过程可能会很苦很累，也可能不被人理解或受到各种嘲讽，但你最终会收获更好的自己。

　　在我所有的远方亲戚中，表哥高扬的家庭条件还算不错，我们每年都会在老家见一次面。最近他爸妈特意打电话叮嘱我，让我念在小时候经常跟在他屁股后面喊表哥的"革命感情"上劝劝他。于是，我拨通了他的电话，请他来家里吃饭。

吃饭的时候，我说："哎，表哥，你不是学过厨师吗？什么时候露两手，让我也尝尝你的厨艺？"

高扬边吃边说："算了吧。我还没出师的时候，就兴致勃勃地想在朋友跟前露一手，结果他们都说我不是这块儿料，后来我就放弃了。"

我说："那放弃之后呢，你选择了什么？"

高扬边吃边说："不学厨师以后，我觉得汽修这个行业也不错，就去学习汽车修理了。刚开始的时候，每个新人都有师傅带，但是我学东西比较慢，别人差不多可以单独修汽车了，我还得边修边问师傅，师傅经常很不耐烦地吼我，跟我一起去的那些人就在一旁看热闹，后来我就不干了。"

我愣了愣，说："师傅吼你也是恨铁不成钢，你更应该多花时间琢磨，证明给你的师傅和看热闹的人看呀，怎能这么轻易就放弃了呢？"

高扬红着脸，说："我一个三十多岁的大男人，也得要面子呀。既然没有人觉得我行，那我还待在那里干什么呢？只会给师傅添堵，让别人嘲笑。"

我冷哼了一声，说："你倒是挺会为别人考虑的，那你现在在做什么呢？"

他没有马上回答，待吃完饭放下碗筷，才说："我看我的一个朋友投资的店铺挺挣钱的，我也有样学样地投资了一间店铺。哎，没想到经营两个月了也没什么起色，我正打算撤资找其他的门路。"

他的话让我哭笑不得，被人质疑就放弃，被人嘲笑就放弃，看不见回报也放弃。一时之间，我不知道该说些什么，便追问道："如果接下来你要做的事情还是不成功，你要怎么办呢？选择放弃，继续找其他让你觉得可能成功的事情吗？"

高扬说："我也不知道。我做什么事情别人都觉得我不行，也不支持我，我只好放弃，然后找一个能让自己成功的事情去做。"

我叹了一口气，说："希望我接下来的话会对你有帮助。别看我比你小几岁，但也经历过不被人支持、经常被人质疑的阶段，但是我没有选择放弃。因为我知道我所做的一切是为了自己而不是别人，就算没有一个人站在我这边，我也愿意为梦想坚持，不然你不会看到现在的我。我相信如果当时你选择做厨师，在没有人看好你的情况下依然坚持，一定不会是现在这个样子。"他张了张口想说什么，最终又闭上了嘴巴。我接着说："遇到困难不能退缩，要迎难而上，大不了从头来过。被人质疑更要证明给他们看你可以，这样终有一天你才会成功！希望你好好想想我说的话。"

一个人独自打拼并不可怕，可怕的是在别人的质疑声中停下前行的脚步。要想让自己的生活充实，过得精彩，就不要过分在意别人的看法和评价。其实，在追梦的途中没有人为自己摇旗呐喊，又有什么大不了？我们完全可以自己为自己加油！

所有的默默无闻，都是为了等待一飞冲天的时刻

我们身边总有一群这样的人：平时看起来不起眼，但是关键时刻总能惹人惊叹。其实，这是我们忽略了他们平日的努力，没有看到他们平时的泪水和汗水。如果我们能够学会朝着自己的梦想和目标努力奋斗，那么在不远的将来也会收到好的结果。

最近，我又收到了丽丽寄来的明信片和照片。她靠在游轮的围栏边，在海天之间显得那么动人、知性。我真想不到，短短四年的时间，丽丽不仅实现了游历世界的梦想，还做到了游轮中高层管理者的位置。

大学时，丽丽睡在我的上铺，我们一起度过了四年的时光。上大学的时候，丽丽就比较刻苦和勤奋，她的父母都是普通的农民，而且母亲身体虚弱，干不了重活，养家的重担就落在了父亲一人身上。当时丽丽和哥哥都考上了大学，老父亲为了不苦着孩子，带着兄妹俩挨家挨户地磕头借钱，才凑足了学费。

　　为了减轻父亲的负担，丽丽一开学就开始了勤工俭学，到食堂帮忙、到学校里的小饭店做服务员……为了不落下功课，她一有时间就到图书馆温习功课。

　　记得那是北京的冬天来得最早的一次，还没到十一月就下起了鹅毛大雪，气温一下子降了十几度。丽丽晚上在饭店刷了一晚上的盘子和碗后，一路小跑着回到宿舍。一进门，只见她双手冻得通红。我赶紧打了一盆热水："快暖一暖，瞧你的手冻得又红又肿，慢点儿，这水有点烫。"

　　谁知丽丽想都没想地把双手伸进水盆里，笑着说："谢谢啦。"

　　我惊呆了："不烫吗？"

　　丽丽略有些不好意思地说："太冷了，都冻麻了，完全感觉不到烫。"

　　过了半个月，我发现丽丽的手因长时间用冷水洗碗被冻得脱了皮，皱皱巴巴的像老人的手一般。我心疼地说："你这么努力，这么辛苦，有必要吗？该休息还是得休息啊。"

　　丽丽笑笑说："我的家境不如你们，学习成绩也比不上你们，我得比你们更努力才能活下去，才有资格谈理想和目标，我只能努力追赶……我的家乡特别封闭，就是个一眼看不到头的山沟沟。每次听你们聊起和父母到处旅游的时候，我心里真是羡慕极了。但是对我来说，能步入大学校门就已经很不易了。因此，我在学校必须得努力学习，努力打工挣钱。等以后毕业了，我也要去好好看看你们说的外面的世界。"说完，她的眼睛看向了远方。

毕业时，几乎大部分外语专业的学生都选择"翻译""文员"这样的职位，丽丽却选择从游轮基层服务人员做起。她凭借出色的口语和娴熟的服务，轻松地获得了那个职位。尽管相较于一起入职的其他人，丽丽有很大优势，可她从不显摆，一直坚持默默地学习和努力。只要一有空，丽丽就会跟客人多聊多交流，渐渐地她竟然学会了意大利语、葡萄牙语、俄语等多种语言，还掌握了一些海上急救的逃生知识。

一次，丽丽所在的游轮遭遇了飓风。在狂风巨浪的席卷之下，游轮开始风雨飘摇，服务生和游客们都吓坏了，有的甚至想直接跳到救生船上逃跑。丽丽表现得很镇定，她冷静地拿起喇叭，用各国语言一遍又一遍地安抚大家："请大家不要慌，船长已经联系了海上救援队。大家别着急，肯定会有人来救咱们的。请大家先冷静，不要擅自行动。请听从我的指挥，别擅自到甲板上。而且这样的极端天气，一般来得快去得也快……"

就这样，在丽丽沉着的指挥下，游客无一伤亡。后来风浪过去，救援队赶来，大家在庆幸之余，也对丽丽刮目相看。

直到现在，丽丽的口头禅还是那句："别说我是什么传奇女性，我这草根逆袭，完全是一个默默努力由量变到质变的过程。这就好比我老家的鬼竹，六年之内我们用肉眼几乎看不出它发芽，但是从第六年开始，每年它会以三十米的速度疯长，因为前五年里竹子都在默默地生根。"

正所谓：合抱之木，生于毫末；九层高台，起于垒土，千里之行，始于足下。如果我们能够经得起苦难、耐得住寂寞、熬得住诱惑，默默努力，我们就能厚积薄发。反之，如果我们只是把努力挂在嘴边，从没有实际行动，或者做事情急功近利、三分钟热度，那么最终一定是一事无成。

我打开微信，见堂弟一凡近日又在朋友圈里自我励志："我删掉了所有游戏。从今天起，我的手机只用来打电话，电脑就从此尘封。我要全力奋战四级。"

我拨了个电话过去："哎呦喂，这是浪子回头了？你这宁肯少睡也得打游戏的狂热分子，也打算隐退江湖了？"

一凡振振有词地说："你可别小瞧我。我决定不能再这么颓废下去，是时候展现我的实力了。我决定彻底告别游戏，好好做卷子、练听力，这次一定要把四级过了。"

我虽然觉得有点儿不可思议，但是看一凡决心要改变，依旧打心眼里替他开心。

之后的一个月内，一凡每天都在朋友圈打卡，发自己在图书馆、自习室、宿舍熬夜复习的身影。一天周末，我去了他家，还没进屋就传来激战的声音，一听就知道他又在打游戏。

我推开了一凡的房门，果不其然，电脑的封条已经被撕掉。游戏的声音开得很大，以至于喊了他几遍都没听见。我一生气就直接关掉了他的电脑，他一下子就站了起来："姐，你真会挑时间，我会被队友骂死的，你怎么能关机呢？赶紧松开手，有什么事等我打完这一局再说。"

我愤愤地说："你这才坚持一个月，怎么又被打回原形了啊？书和卷子是摆设，游戏才是雷打不动的是吧？"

一凡一脸失落地说："姐，我又不像你，天生聪颖又爱学习。我天生就不是学习的料儿。就算每天都背单词、做卷子，我也及不了格，我觉得自己能坚持一个月已经很不错了。反正，我将来也不打算考研或出国，四级过不过都无所谓了。"

我叹了口气，说："告诉你个秘密，我最开始写作的时候，每天都会给全国各地的大小刊物投稿。我多么渴望能收到一封'用稿通知单'啊，但是打开邮箱全是退稿的邮件。写作没有捷径，我能做的就是不断练笔，不断积累素材，不断多读书、多找方法突破。你以为所谓的好学生是像你以为的，每天和你一样看电视、打游戏，最后考试还能高分？事实上，只是人家上课时比你用心听讲，下课时比你认真做作业，课余时间比你学的知识多，看的书多。"

一凡有些羞愧地挠了挠头："好了好了，我保证从今天开始继续努力复习英语，做个名副其实的行动派，而不是嘴上说说的那种努力，这总行了吧？"

我会心地点了点头。

喜欢成天把努力挂在嘴边的人，他们往往需要更多外界的压力和鼓励才能坚持。而真正努力的人，总是比较低调，即使遇到苦难和挫折也会给自己加油打气，因为这样的人已经把努力变成一种习惯和常态。

No.4

为生命的每个瞬间，找一个值得
纪念的理由

有多少梦想，想着想着就变成了做梦

　　我喜欢一首歌，歌名叫《第二人生》。里面有句歌词："期待一趟旅程，精彩万分，你却还在等，等到荒废青春，用尽体温，才开始悔恨。"有些人总在产生梦想的时候信誓旦旦，却在追梦的途中埋怨太辛苦，从而选择什么都不做。于是，梦想就只是梦里的想象，永远留在脑中，却不能成为现实。

　　回想起当年上高中的时候，同宿舍有个叫雪晴的女孩，即使每天的作业再多，她都会在睡前戴上耳机看一集电视剧。每次看到她这样，我都忍不住吐槽："每天有那么多的作业要写，你怎么还有精力看电视剧？有这工夫还不如多睡会儿觉呢。"

　　她一脸不屑地说："你以为我是把追剧当娱乐项目吗？那你就错了，我是在揣摩故事情节，汲取灵感，以后我可是要当编剧的。你们就等着看我写的电视剧吧。"

　　我们呵呵一笑，即使她说得那么认真，我们还是觉得她在开玩笑。庆幸的是，她并没有因追剧而影响到我们的睡眠，我们也就由着她去。

每天去上早自习的路上，雪晴都会给我们讲她前一晚看过的剧情，而我们总是听得云里雾里。我向她建议："你要想当编剧，就先训练自己讲故事的能力。看电视剧只是一方面，最重要的还是得多看书。你看看作者是怎么讲故事的，多向人家学习一些技巧，这会让你的故事更吸引人。"

雪晴听取了我的建议，周六一早便拉着我一起去逛书店。由于她不知道看什么类型的书合适，就随便买了几本自己感兴趣的小说。我本以为她会在课余时间钻研这些小说里的情节是如何展开的，可没想到她看了两眼就丢在一旁，说："看书太枯燥了。每天上课已经够烦的了，哪儿还有心情看密密麻麻的文字，完全没有追剧有趣。"

雪晴依旧保持着以前的习惯，每天都看电视剧，故事也依旧讲得让人不感兴趣，还经常说："这段情节设计得不错，我以后也要写出点击量这么高的电视剧。"可是雪晴没有尝试着写过一个故事，只是一直在畅想着当上著名编剧之后的日子会多么爽。她还兴奋地说："到那时，我一定身着华丽的服装，出没于各大颁奖礼，还有很多剧迷向我索要签名。"

我不知从不愿为梦想做任何努力的她，哪儿来的自信说出这样的话。可是身为同学，我只能随声附和，拍拍她的肩膀说："祝你好运。"

高中毕业之后，我们的联系没有那么密切了，有一年在同学聚会上再次遇见她，我打趣地说："雪晴大编剧，最近有何佳作面世，让我们开开眼。"话音刚落，就听到她一声叹息："当什么编剧啊，我就是瞎想罢了。现在白天上班，晚上照顾孩子，每天都要累死了，哪有多余的时间看书和写作，所以编剧的梦想只能成了梦。"

听雪晴说着现实的情况，我心想：如果她能在追求梦想的时候付出大量的努力，多读一些专业的书籍，多看一些影视剧作品，多写一些故事，说不定早就成为编剧了。就算生活终将归于平淡，可是若能在理想的工作中获取一丝安慰，就不至于像现在这般对生活充满抱怨。

有人说"梦想很丰满，现实很骨感"，那是因为他们总是一味地畅想实现梦想是多么美好，却从来没有为梦想认真努力过。既然渴望获得梦想实现带来的成就感，那就不能只做白日梦而是要脚踏实地地走在追梦的路上。

记得大三下学期时，班里有的同学在忙着实习，频繁地参加各种面试；有的要考研，扎在图书馆里拼命复习。而我想走一条不一样的路——出国留学。最初把这个想法告诉室友们，还遭到了她们的嘲笑："你连六级都没通过，可见你的英语水平很一般，怎么会有出国留学这么离谱的想法？"

我却不以为然，反驳道："英语不好又如何？只要我肯努力地背单词，学习语法，多做练习题，通过语言考试绝对没有问题……"不论我如何表达我的信心和决心，她们依旧不肯相信英语基础这么差的我，怎么会有胆量报考国外的学校？

为了圆出国梦，也为了向这些"看不起"我的人证明我可以，我开始废寝忘食地投入到学习中，大量地背单词、做阅读、练习口语和听力……最初的时候，室友对我是各种善意的嘲讽和不放心，一次又一次地劝我还是早早放弃那个不切实际的梦，但我只当他们是在使用激将法，鼓励我在追梦的路上继续前行。因此，后来我用坚定的行动告诉大家：我的梦想是实实在在的，永远不会成为白日梦。

记得在考试前夕，我在个人博客中写道："该来的总会如约而至，我除了沉着应对，便是全力以赴。无论最后的结果是梦想达成还是继续做梦，都不要紧。我努力过就不会后悔。"考试当天，我有些紧张，听力和写作进行得不太顺利。我以为考试结果会击碎我的梦想，但摆在眼前的成绩告诉我，所有的努力都没有白费。我如愿通过了语言考试，实现了自己的出国梦。

现在回想起那段拼命学习英语的日子，我还是不胜唏嘘，虽然每天都过得很压抑、很辛苦，但从未有过放弃的念头。在快要坚持不下去的时候，我就默默地提醒自己：别让充满豪言壮语的梦想，变成不值一提的梦境。那个时候，流行这样一句话：将来的你，一定会感谢现在努力的自己。直到梦想实现的那个瞬间，我才真正懂得这句话的深刻含义。

小时候的梦想是考上理想的大学，却不肯花时间认真学习与复习，直到成绩不佳时才追悔莫及，感叹为何没有早早努力。长大之后，我们总是一边高喊着梦想，一边享受着安逸的生活，不愿意为心中的梦想付出一点点辛劳，最后只能感叹：有多少梦想，想着想着就变成了做梦。

梦想究竟是做梦都想实现的目标，还是只在做梦的时候遇见一次向往的生活模样就足够？我认为这取决于是把梦想停留在口中还是付诸行动。总是嚷嚷着梦想有多么美好，却不肯在追梦的路上吃一点儿苦，那么再伟大的梦想也只能是白日做梦。只有把梦想当作人生路上的动力，才不会说什么"人间不值得"，因为每付出一点努力，都在向渴望的目标靠近一步。可是，倘若最初的梦想变成了空想，那么曾经说过的豪言壮语，只会变成别人口中的笑话。

正如歌曲《真心英雄》里的那句歌词：把握生命里的每一分钟，全力以赴我心中的梦。每一个平凡而伟大的生命，都应该为梦想放手一搏，别让自己在虚度光阴的空想中浪费生命。

努力就是一直在路上，而不是一次次地重新开始

　　虽然说，在通往梦想的路上一直努力很累，但实现目标的过程哪有容易的？既然已经坚持到现在，那就不要半途而废，毕竟重走一回还是会来到相同的地方，经历相同的苦难。与其这般浪费青春，不如从最初立下志向的时候就告诉自己：努力就是一直在路上，而不是一次次地重新开始。

　　在国外求学的这几年，我因为热爱阅读结识了很多同道中人。有位叫Lisa的同学，她与我一样，非常喜欢看悬疑推理类的书籍。可不同的是，我只是把阅读和写作当作业余爱好，Lisa却想通过大量的阅读和写作积累更多的经验，有朝一日成为一名畅销书作家。

　　因为我俩的关系比较好，她每次写完文章都会发给我一份，我会在看完之后提出自己的意见。每次投稿前她都是信心满满，但一接到退稿的消息就会灰心丧气。我总是这样鼓励她："没事，一次的失败不代表你干不了这一行。"听到这句话，她总是苦笑着说："但这已经不是第一次了。"

　　我常常见Lisa为汲取写作灵感，在图书馆埋头苦读到忘记吃饭，也时常听她说起为了写出一段精彩的故事情节，尝试很多种不同的讲述方法，熬夜到很晚，却还是没有达到预期的效果。有时还会因为彻夜写作，第二天上课没精神，被导师和同学嘲笑。

　　Lisa每天的生活除了上专业课，就是登录各大网站获取收稿的信息，不放弃任何一次投稿的机会，哪怕得不到理想的战绩也无怨无悔。

　　看着Lisa这般辛苦，我有时会劝她："既然这条路走不通，你有没有想过，会不会是自己不适合，为何不换一条路走？来人世间走一遭不容易，没必要如此折磨自己吧。"

　　Lisa说："如果就这样放弃了，我真的不甘心。这对不起我立下的豪言壮语，也辜负了我这么多年的努力。这些年向杂志社的邮箱和网络平台的投稿，运气好的时候会收到鼓励的回复，倒霉的时候还会遭到无情的嘲笑，说我根本就不适合写小说，奉劝我趁早改行。但就算是这样，也不能击碎我的梦想。"

　　后来的日子，Lisa依旧把课余时间都用来阅读和写悬疑小说。Lisa每写完一节，就召集我们读书会成员来阅读，我们在读后会说出感受并提出意见。她会耐心地整理我们的意见，还会提取较为新颖的想法用在小说中，修改完毕之后再去投稿。

有一次，Lisa把小说投递到一家出版社，通过层层审核之后本以为要出版了，却突然收到延缓出版的通知，理由不明，最后落得不了了之。那个事件对她来说就是晴天霹雳，她委屈地哭了，那是我认识她这么久以来第一次见她哭得撕心裂肺。我能理解她当时的心情，明明距离成功只有一步之遥，却被残酷的结果打回原点。

可是，纵使生活虐她千百遍，她却从未停下追梦的脚步。临近毕业的那几天，我们的读书小团体组织了一次小型聚会，我们能够分享的只是看到的悬疑小说中有意思的情节，而Lisa却能够骄傲地说："我写的小说在网络平台上收获了很多读者，距离畅销书作家的梦想更近啦！"

我们的小团体伴随着毕业而解散了，但我和Lisa没有断了联系。毕业后的第二年，她兴奋地通知我，她写的悬疑推理小说登上了好书排行榜，首月的销量可观。她没有辜负自己的努力，真的成为畅销书作家。回忆起当年没日没夜的阅读和写作的日子，Lisa说："幸好当时的自己选择一直努力，没有放弃，否则就不会有今天的成绩，也体会不到现在的这种成就感。"

现实终究不会辜负每一个人付出的努力，我由衷地为Lisa感到高兴。像Lisa这样，先制定一个明确的目标，再朝着这个方向不断努力，即使过程很艰辛，但心中有梦就不会畏惧眼前的难关。如果不清楚自己想干什么，一不顺心就换个方向重新开始，那么就算获得了暂时的快乐，也终究会虚度整个人生。

说到这儿，让我想起前段时间与闺密在咖啡馆聊起的话题。

那天下班后，我约了公司里的人事主管，也就是我的闺密云清，到公司对面的咖啡馆聊天。在一番倾诉苦水之后，闺密突然说："最近咱们公司频频出现新员工离职的现象。辞职理由基本上都是加班太多，工作压力大。"

听到她说这些，一开始我感到很诧异，后来又觉得能够理解，我对闺密说："你有没有和他们好好谈一谈？会不会还有其他的原因？"

闺密一脸不屑地说："既然人家已经递交辞职信，就说明经过了深思熟虑，我又何必白费口舌？再说我们这么大的文化公司，还愁招不到有志青年吗？"

"依我看，未必都是深思熟虑，很有可能就是一时冲动做的决定。他们也许觉得努力太累，重走回头路最轻松。"我反驳她说，"要是以后再收到辞职信，让他来我办公室，我想听听他们到底是怎么想的？"

后来，我的邮箱里收到了几份人事主管转发来的辞职信，果然如她所说，都是相似的理由。于是，我列出了最近想要辞职的员工名单，请人事主管通知每个人，让他们来我办公室参加一次平等的交流会。

这些年轻员工都以为要接受老板的训话，每个走进办公室的人都是一副手足无措的状态。"别紧张，不用把我当成老板，就当我是个知心大姐。我就是想听听你的想法而已，是不是在工作中遇到了什么困难？"这就是我在面对这些年轻人的开场白。

第一位进来的年轻员工。他告诉我："如今的工作与我当初想象的样子相差太远。我本来对写作抱有极大的兴趣，但从事了这份工作我才发现，总是为了完成任务而加班加点地写作，自己的热情渐渐被消磨殆尽。应该是我不适合写作，换一个兴趣，尝试找找新工作，应该能赶走现在的丧气。"

对此，我劝说道："也许你觉得眼前是一片火焰山，在你想要放弃之前，想过渡过难关的办法吗？如果一遇到点儿难题就丢掉了最初的梦想，换个人生的方向重新开始，那就是在重蹈覆辙，这样你距离想要到达的终点，只会越来越远。"

他不以为然，始终坚持"在不适合自己的地方努力就是浪费时间"的想法，还是决定辞去现在的工作，去找下一份心仪的工作。我无能为力，只能祝他未来一切顺利。后来听人事主管说，这个小伙子又重新向我们公司递交了简历，在面试的过程中被问到为何又重新回来。他给出的原因是在兜兜转转之后，还是继续写作的老本行比较省力。

鉴于他的专业能力还算符合公司的要求，人事主管还是决定留下了他。有一天下班等电梯的时候我遇到他，对他说："你有时间吗？没有安排的话，我们可以聊聊吗？"他并没有刻意地回避我，才让这次聊天得以顺利地进行。

在对面的咖啡厅，我们开启新一轮的平等对话。与上次不同，他不再显得那么不知所措，可能是因为经历的面试多了，人也变得不再腼腆。我问他："之前你说过写作不如你想象的那般有趣，那么现在呢，只因这是你的老本行，所以才选择回来吗？"他回答说："这只是一方面，另一方面是因为我在很多个岗位都做过尝试，在开始的时候很轻松，我以为终于选对了岗位，但是在多待几天之后发现，现实依旧没能让我满意。既然如此，那就回到最初的起点，至少这里的工作我还是比较熟悉的。"

听到这里，我忍不住吐槽他："当现实不如预期时，你就不自我反思一下吗？这难道不是因为你自己不够努力，只是一味地抱怨，却不去想办法解决，才让自己一直选择重新开始，但始终无法改变不满意的现状。"他没有听从我的劝导，在后来的工作中还是一遇到困难就选择辞职。既然如此，公司便不再给他机会。

回到原点很容易，却会让你离成功越来越远；一直努力很辛苦，但梦想的曙光就在终点等待着自己去发现。面对人生的两个选择，我希望每个人都能选后者，毕竟努力就是一直在路上，而不是一直重新开始。

梦想有多大，就要受多大的苦

每个人心中都怀揣着一个梦想，这个梦想拥有巨大的能量。它是灵感，让作家在困苦中奋笔疾书；它是动力，让舞者在伤痛中翩翩起舞；它是美景，让摄影师在困境中勇往直前……在周星驰的电影里有一句非常经典的台词："人如果没有梦想，那跟咸鱼有什么区别？"

身为成年人，我们知道在这个社会中，梦想有多大，就要受多大的苦。

我在留学期间有幸结识了一位令我敬佩的体操选手——贝蒂。贝蒂从小对体操就有着无限的热情。在各种比赛中，贝蒂屡获佳绩，是当地小有名气的体育明星。在许多人看来，贝蒂是"冠军"，是"体坛的天才少女"，但实际上，小小年纪的她，为之付出的辛劳和汗水是我们常人无法想象的。

在一次比赛中，贝蒂在进行一连串体操动作时不小心崴了一下，但是她还是面带微笑地完成了全部动作。比赛结束时她的脚踝已经肿得像一个苹果了，她一瘸一拐地走下了赛场，离开赛场的贝蒂，在得知很多记者等待采访她后，又拄着拐杖走了回来。在之后的手术中，从贝蒂的脚踝处取出来几块碎骨。在很长的一段时间里，她都非常辛苦地做着康复训练。

在一次聚会中，我偶然遇见贝蒂，就与她热络地聊了起来："哈喽，贝蒂，好久不见了，最近怎么样呀？"

贝蒂朝我莞尔一笑，说："总的来说还不错，完成康复训练之后，除了每天的体操练习外，剩下的时间就是兼职打工。"

我诧异地瞪大眼睛，又调侃地问道："这么有名气的贝蒂还要兼职打工？难道是想在体操运动员的身份上，再感受一下普通上班族的生活吗？"

贝蒂喝了口红酒，轻松地说："对啊，不过我可能比普通上班族要辛苦一点。我每天的训练时间至少要五个小时，而且兼职了两份工作，挣到的钱刚好能够维持我体操练习的费用。"

我有些好奇地问："体操训练每天都做些什么呢？"

谈到贝蒂热爱的体操时，我能看到她的眼睛里放着光，她非常愉快地说："每天天还没亮的时候就要起床做早操训练和四十分钟以上的项目练习。如果在规定的时间没有完成就有的受了，别人午休的时候你就得加大练习强度了。"她看了我一眼，笑着说："你知道吗？我刚练体操的时候，每次做韧带拉伸都是哭着完成的，因为实在是太疼了。项目训练过程中，崴脚、磕碰，甚至摔下训练台都是家常便饭。每个人身上或多或少都会因为训练受伤，做过大大小小的手术，然后就是日复一日地做痛苦的康复训练。"

我心疼地说："那你有没有想过放弃呢？"

贝蒂停顿了一下，朝我无奈地摊了摊手，继续说道："许多人都劝我放弃，但是你知道吗？我刚开始练体操也只是出于对这项运动的好奇，也觉得自己可能会坚持不下去，因为我是一个对什么事情都只有三分钟热度的人。然而当我开始接触体操后，我就情不自禁地爱上了它。我享受着每一次在训练场上挥汗如雨的感觉。体操是一项充满力量的运动，我热爱它，它是我的梦想。"

我有些好奇地说："那你时常伤病连连，目前也没有明显的成绩，还得辛苦地做兼职才能维持体操练习，你还要坚持吗？你会坚持到什么时候呢？"

贝蒂的目光落在了手中把玩的酒杯上，像是思考了一番，才说："是的，大概会坚持到我跳不了为止吧。其实在这次手术之前，我受过很多次伤，比这次更严重。我的膝盖曾经做过四次手术，有一次坐了两年多的轮椅，医生担心我以后不能走路了，但我又站起来回到了训练场，我的头部也摔伤过多次。"

贝蒂顿了顿，抬起头，目光坚定地看着我，继续说：
"其实，这些都算不了什么。你知道吗？我们的梦想有多
大，就要受多大的苦。"

我看着贝蒂云淡风轻地说着自己曾经的经历和提到体操
时亮晶晶的眼神，一时不知该说些什么。我在想一个问题：
如果换作是我，没有过人的天赋，仅凭着对体操的热爱，我
能像贝蒂一样坚持下去吗？

我见过为了实现演员梦想，在剧组跑龙套打拼多年的
人；我见过为了登上梦想的主持舞台，昼夜不停练习基本功
的人；我见过为了走遍心中规划的那块版图，多次身陷危险
也要勇往直前的人。当然，我见过最多的，还是为了完成心
中的梦想熬夜工作的年轻人。或许这份工作只是实现他们梦
想的过渡，但他们愿意为梦想全力以赴，即使会遇到挫折，
会付出许多不为人知的辛苦。他们每个人都甘之如饴。不待
扬鞭自奋蹄，这就是梦想的力量！

在这个纷繁而浮躁的世界，想要专注地做一件事情越来
越困难。拿我自己跑步的经历来说，前段时间我发了一条朋
友圈，配图是跑了300公里的总路程图。于是，一直嚷着要减
肥却不付出行动的表妹，带着她的两个朋友开始约我每天打
卡夜跑，我欣然同意了。

第一天跑步过后，她们志气满满地把自己的路程图晒在
朋友圈，彼此之间还会互相加油打气，接连几天都是如此。

但不到两个星期，表妹的两个朋友就不想坚持了，她们生病了不想跑，肚子疼也不想跑，天气不好不能跑……总之，每个人的理由都很充分。

听着这两个小姑娘喋喋不休地说了一大堆理由，我问了一句："不打算减肥了？"其中一个小姑娘说："减，但是我们觉得跑步不太适合我们。白天上班就已经够辛苦了，下班还要跑这么长时间，实在太累了。"另一个小姑娘又开口说："姐姐，如果我们跟你一样有自己的公司，不用每天去工作，拥有充足的时间，我们也可以一直坚持跑下去的。"

两个小姑娘的单纯逗笑了我，我很认真地告诉她们："你想要得到就必须付出，要付出还要学会坚持。如果你觉得很难，那么就放弃，但你放弃了就不要抱怨。因为世界是公平的，每个人都是通过自己的努力，去决定自己生活的样子。"

最后两个小姑娘还是觉得太辛苦。放弃了。本来以为表妹可以坚持下去，但因为天气越来越冷，跑几天也没有明显的减肥效果，在第十八天的时候，表妹也选择了放弃。

一个月后，我再次在朋友圈发出跑步的总路程图，比上次多出了一百公里。她们说好羡慕我能坚持，又来找我监督，而且再三保证不会半途而废，我却没有答应。在她们羡慕我拥有自己的公司，觉得我的生活十分惬意的时候，我没有告诉她们在创立公司之初，我深夜伏案疾书的辛苦，睡两三个小时就要继续工作的劳累，遇到刁钻客户打碎牙齿和血吞的经历。因为我知道，坚持这件事是不需要强迫和监督的，只要一个必须成全自己的理由，就足以抵过千军万马。

世界上从来没有一蹴而就的事情，有的人看见别人写文章赚钱就去写文章，发现并没有想象中那么轻松又放弃了；有的人羡慕别人拥有火辣的身材，自己跑步没几天又吃不消了；有些人会想很多理由说服自己不再坚持，这样确实可以过一段舒坦的日子，但最终也不会有什么大作为。

生活对待每个人都是公平的。当你的梦想越大，你要受的苦就会越多，而坚持能让你走上一条不一样的人生道路。要记得通往梦想的路上不止你一个人在狂风暴雨中前行，熬过去后，你会感谢咬牙坚持的自己。

面对事情可以忘我，但不能失去自我

忘我地工作会被称作是敬业的表现，忘我地爱一个人会被说是用情至深，忘我就是全身心地投入，但并不代表要失去自我。人生最可悲的莫过于把自己完全地交付在一件事物中，却未得善果，让自己一蹶不振。当面对事情的时候，可以尽己所能把它做好，但请别忘了善待自己。

我有一个从小一起玩到大的朋友，名叫昕薇。大学毕业后，我到国外继续深造；昕薇留在国内，在大城市里找到了一份工作，从此我们就断了联系。有一年学校放假，我回到家乡，在逛街的时候偶遇了昕薇，她一副颓丧的模样，连我喊她的名字都没听见。我走到昕薇身边，拍了一下她的肩膀，她才认出我来。于是，两个多年不见的好友就在奶茶店里坐了下来，在聊天中，我知道了她这些年的经历。

昕薇说："你是知道的，我一直很向往大城市的生活，所以大学毕业后，就积极地忙着找工作。我参加了很多次面试，终于被一家公司录用了。入职前我下定决心，一定努力工作，这样就能赚到更多的钱，在大城市中稳定下来。等自己的生活有起色了，再把父母接过来，让他们也过上好日子。"

我说："每一个想在大城市闯出一片天的人，都有和你一样的想法。不过，看你现在的样子，好像现实并没有如你所愿。"

昕薇点了点头，继续说："入职后，我表现得很积极，把全部的精力都用在了工作上。每天第一个到公司，将前一天所有的资料进行分类整理，帮同事收拾凌乱的桌面。到了下班时间，我也不会早早离开公司，抓紧时间翻阅大量与公司业务相关的资料，增加自己的知识储备。因为天天加班牺牲掉了很多娱乐时间，但我不在乎。我觉得只要自己的业绩有所提升，就可以晋升到更高的职位。"

我说："你这么拼命地工作，领导一定很赏识你吧？"

昕薇无奈地说："当同事们知道我每天都在加班，他们就把自己认为难应付的工作都交给我做，所以我不是帮他们制作PPT，就是写报告。每天为了能搞定这些分外的工作，我不仅要压缩吃饭时间，还搁置了自己分内的工作。上班时间内做不完，下班就得继续干。因为怕赶不上回出租屋的末班公交车，我只能在公司待到九点。回到出租屋后，我还得完成自己的任务才能睡觉。当初由于贪图便宜，买了一台二手电脑，结果时常出现卡顿的状况，大大降低了我的工作效率。那时候我经常熬到很晚，才把稿件发给上司。第二天上班，如果上司对我的稿件不满意，会在QQ上发来指责的信息，并命令我赶快修改。在我修改的过程中，还要帮同事做任务。"

我强忍着怒火对昕薇说："你连自己的工作都做不好，干吗还去帮别人？那些同事为什么会把自己的工作都推给你？还不是看你好说话，所以他们就故意使唤你。"

昕薇委屈地说道："我当时没想那么多，只想着自己多做一点，可以增长知识提升能力。我也相信我这么努力地帮他们，将心比心，在我有困难的时候，他们也一定会帮助我。可我没想到的是，由于全身心地帮别人做事，我自己的工作业绩受影响最终被领导开除了。我本以为凭借我这些年积攒的好人缘，总会有人为我求情吧，然而并没有。我孤独地来，落寞地离开，没有一个同事挽留我。"

我早就料到会是这样的结局，但作为朋友，我只能安慰昕薇说："不能说是世态炎凉，毕竟别人帮你是出于情分，不帮你也是本分。你之所以落得如此悲惨的结局，还是因为你在付出的过程中丢失了自我。"

昕薇没有反驳，只是默默地叹了口气。

听了昕薇的故事，我陷入了深深的思考中，有些人总以为只要忘我地投入在一件事情中，就会得到应有的回报。如果付出与回报成正比，那自然是理想的结果。但人心难测，世事难料，还不确定将来是否会如自己所愿，就在拼命付出的过程中失去了自我。一旦结果不是自己想象的那样，必然会大失所望。所以，即使再执着于某件事，也别迷失自己。

公司以前有个女编辑，名为林旭，是一位业务能力很强的员工。每次公司召开选题研讨会，我都会设定关键词，她提出的选题总是能在众多选题中脱颖而出。我时常被她的想法震撼，忍不住询问她："你是如何想出如此精妙的选题的？"

听到我这么问，林旭说："看到关键词，我会想到时下的热点事件。我想可以把这个事件与一些热门词汇相结合来作为选题。我觉得这样的选题会引起大众的兴趣，选题下再写上贴合实际的内容，还会引发大众的共鸣。"

林旭不仅有独特的想法，还为实现这个想法做出了很多努力。确定选题之后，她会召集团队中的所有成员一起研讨内容如何架构。在会议中，她会先说出自己的想法，再听取成员们的意见，并作详细的记录。会议结束后，她会及时地把信息汇总，交给我审阅，而后制定出具体的写作安排。我很欣赏她的做事风格，不禁感叹道：每一步都有条不紊，她是个敢想敢干的人才。

每次路过林旭的工作区域，我看到她总是一边查阅资料，一边编辑内容。见她如此忘我地工作，我在备感欣慰的同时，也会发微信提醒她："距离交稿时间还有几天，不必这么拼命地赶稿，可以适度地休息一下。"

对于我的温馨提醒，林旭会发来笑脸表情，并写上："谢谢老板关心，我会注意劳逸结合的。"果然如她所说，上班时间集中精力，保证工作效率，绝不犯拖延症。一到下班时间，就马上离开。晚上的时候，林旭时常在朋友圈晒话剧票或者影视剧画面，并附文："日常给自己充电。"

看到林旭的朋友圈的图片，我点开对话框，开玩笑地说："看你在公司里那么辛苦地写作，还以为你的夜生活也是在赶稿中度过呢。"

林旭回复道："我很热爱写作，我会抓紧上班的时间完成当天的工作任务，即使再累也无妨。但工作只是生活的一部分，除了工作之外，我还喜欢看话剧、电影和热播的电视剧，我会从中汲取灵感，并将它们巧妙地用到写作之中。不瞒您说，我还会利用休息的时间研究如何写剧本呢。"

在公司，我与林旭是上下级的关系；在生活中，我们成了亲密的朋友。一天，林旭把写的剧本成稿交给我，咨询我的意见。我看着林旭的原创剧本，深深折服于她的写作功力。我觉得好作品应该被更多人看到，问林旭愿不愿意把剧本交给我，我来联系认识的导演。在征得她的同意之后，我把剧本发给了某位文艺片导演，他看后的感受与我一样，也被深深地震撼了。

我介绍林旭与这位导演认识，在多次商讨之后，导演决定将她的剧本拍摄成电影。经过这次合作，林旭也从一名出色的编辑晋升为小有名气的编剧。看到她取得的成就，我由衷地感到骄傲。

林旭与我刚才提到的那个朋友一样，做事总是全情投入。但不同的是，林旭在忘我地工作之余，并没有失去自我。她在工作中一直努力，对得起自己的职业；在工作之余用爱好给自己充电，给人生制造更多的可能。她既是一个敬业的好青年，也是一个快乐的梦想家。她认为以这样的处事方式度过一生，才不算辜负自己的生命。

即使我们要全身心地投入一件事情中，也不要失去自我，否则当现实不如预期那般美好时，自己将一无所获。人只有为自己而活，才不会轻易地被外界刺激所击垮。记住，要把命运的主宰权留在自己手中，以昂扬的姿态过好自己的一生。

每一个普通的日子，都因为坚持而值得纪念

我们每一个人成长的路上都有很多个分叉口，不管选哪条路都可能会遭遇伤痛、挫折、失败，但既然选择了其中的一条，就要勇敢地走下去。即便梦想会被"退稿"，真心会被"退货"，也不要放弃，因为每一个普通的日子都因为坚持而变得美好。而世间所有的美好，都因为坚持而值得纪念。

说到坚持，我想起了前段时间遇到的一个大学同学——小楠。在校期间她住在隔壁宿舍，我们的关系还算不错。在大二的时候，她因身体原因休学了，住院期间我们几个女生多次去医院看望她。后来，我出国留学了，我们才渐渐失去联系。

回国后，在一次同学聚会中我见到了小楠，我们聊起了大学时的趣事，也聊起了她休学后的情况，原来她开了一家花店，日子过得还算自在。

一个周末，我打算买些花花草草装饰下许久没顾上打理

的家，就想到了小楠的花店。

当我走进花店时，看见小楠安静地坐在吧台边熟练地敲打着电脑键盘。她在写些什么，丝毫没有留意我已经站在了她的身后。我调皮地说："在写什么呀，这么认真！你再盯着电脑写会儿，我可是要把你的花店搬空了。"

小楠这才回过神来，看见我，她开心地说："快过来坐，今天怎么有空过来啦？"我简单说明了来意，又好奇地问道："在写什么呢？这么入神。"

小楠把电脑转过来让我看，说："也没什么，我住院那段时间比较无聊，就让父母帮我买书带到医院，看得多了也就想写点儿东西，从那个时候养成的习惯，现在闲下来的时候也会写写东西记录生活。"

我笑着说："真没想到啊，现在成了一名文艺女青年。"

小楠无奈地摊了摊手，说："没办法啊，你也知道我出院以后身体还是不太好，肩不能扛手不能提，所有重活儿都干不了。我曾经一度觉得自己是个废人，人生也就这样了。后来，我读到一篇文章：一个意外失去双手的人，因对钢琴的热爱，仍坚持用脚趾练习，最终用双脚弹奏出了非常动听的乐曲，站上了梦寐以求的舞台。"

小楠转过头对我笑了笑，说："非常励志的故事吧？"还没等我回答，她又继续说道："一个没有双手的人，都可以在一天又一天的坚持中做自己喜欢的事情，我有胳膊有腿，又有什么理由不努力呢？后来，我就开始出门找工作，那个时候我也不知道自己能做什么，自己想要的是什么。我在二十四小时便利店里做过营业员，在咖啡厅里当过服务员……我做过很多份工作，但没有多久就做不下去了。唯一支撑我坚持下去的，就是在细碎的时间里写东西，这让我觉得生活还有希望。"

我叹了口气，问："一边工作一边写作，一定很辛苦吧？"

小楠点了点头，说："嗯，很辛苦！白天的工作结束后，尽管身心俱疲，但只要能挤出时间来阅读与写作，我就觉得很幸福！"她顿了顿，脸上流露着异常坚定的表情，又说："所以我非常感谢在一个又一个难熬的日子里坚持写作的自己。虽然都是零碎时间，至少每天也可以写点儿东西，少则几十字，多则几百字，就这样在一点一滴的累积中，在对写作的热爱与坚持中，有了现在的我。"

我吃惊地看着她，说："那你为什么不专心写作，开了花店呢？"

小楠说："有一段时间，我静下来认真地思考：我到底想要的是什么？后来，我想明白了，正如你所见，开一家花店，每天在花团锦簇中听听音乐、读读书、写写文字，然后就有了这家花店。"

后来，在她为我搭配花束的时候，我在吧台看到了她写的书。从序言中，我了解到她确实做过很多工作，而其中的辛苦也不单单是今天提到的这些，但不管做什么工作，她都一直在坚持自己的爱好——写作。她有个亲戚是大学教授，把稿子拿给教授看的时候，教授觉得很不错，就推荐给了一家出版社。这本书的顺利出版，也更让小楠有了继续坚持下去的信心。

回到家后，我的心里久久无法平静，想到身边一个又一个人的故事。虽然每个人的梦想和爱好不同，所选择的路也不一样，但他们都有一个共同点，就是坚持。正是每天坚持做同一件事的毅力，让每一个看似艰难或普通的日子，变得与众不同。而我们都清楚，一个懂得坚持的人和不想坚持的人，最后的结果自然是截然不同的。

坚持某一条道路走下去从来都不是说说那么简单的。在网红店打卡风潮过后，人们又纷纷将目光投向了健身房，开始新一轮的健身房打卡热潮。我和白山就是相识在健身房，那时的她还是一个健身小白，无论器械的使用、饮食的控制，还是运动过程中的注意事项，她都一概不知。后来她告诉我，在她刚开始健身的那段时间，她一下子就被我这位努力而认真的女生深深吸引了。

一个星期后，白山主动和我说话，我们就此相识相知。从那之后，她便正式踏上了健身这条道路。她说她知道这条道路很辛苦，但她无所畏惧。辛苦并不总伴随着"退缩"二字，更多的应该是"直面"。白山的体能还不错，在刚开始健身的那星期，尽管和平时相比有些累，但总体来说她还是可以承受的。健身的瓶颈出现在第一个月末，那时白山的体力消耗得差不多了，开始出现身体疲惫、机能不足的状况。在某天健身后，白山告诉我这两天她不能来健身了。

"前辈，我这两天不能和你一起健身了，你就不用等我一起了，提前告诉你一声。"白山有些不好意思地说。

"有什么事情吗？需要我帮忙吗？"我有些担心地问道。

"不是的，我感觉我明天应该会生病。"面对我的接连提问，白山显得更加紧张了。

"预感生病？未卜先知？"我有些疑惑，现在的小姑娘的思维都很奇怪，令人捉摸不透。

"就是……就是我感觉今天很累，我觉得明天大概会生病吧！"说完后，白山将头低了下去。

听到这里，我总算明白了。这是白山健身的第一个低谷期。"白山，你只是太累了。你要知道，健身本就是一件投入与收获成正比的事情，休息不但不会有助于你的身材，反而会使你的身材反弹。而现在正是你体能的薄弱期，如果你能坚持度过这段时间，你的体能会有一次质的提升。"

"我再想想。"白山被我突如其来的一大段话说得晕了。

人遇见困难是常事，而遇见困难想要逃避也算是本能反应。我只能在白山想要退缩的时候鼓励她，让她坚持下去，使其在"动心忍性，增益其所不能"后，体会到坚持的意义。值得庆幸的是，当天晚上我收到了白山的信息：明天一起。

我很高兴白山在第一次坚持与否的选择前，选择了坚持。第二次选择是在半年后，白山因工作忙得焦头烂额，根本拿不出时间和精力去健身。和第一次相比，这次的选择难度更大，从身体疲惫上升到了身心疲惫。意志摧残对大部分人来说更为致命，可能因为一次的消沉而导致放弃整件事。

这次，我在回忆了自己的健身经历，进行仔细思考之后，给白山发了一段话："困难并不会等我们做好准备才会到来，也不会在你状态最好的时候才出现，我们每时每刻都应该做好面对困难的准备，也应该具备不轻言放弃的决心。如果遇事总是半途而废，终将一事无成，只会看到自己一个又一个尚未完成的任务。我曾和你一样，处在事业和健身的冲突期，与其说冲突，不如说尚未协调好，不要放弃现在认真做的每一件事，因为它们的背后都有存在的意义。"

白山在看完这段话之后，自己调整了心态。她也认为，坚持是每一个成功者制胜的法宝。我们因坚持而卓越，生活因坚持而美好。现在白山已经成为众人追捧的魔鬼身材美女。"水滴石穿，绳锯木断"的道理我们每个人都懂，然而为什么微不足道的一滴水能滴穿坚硬的石头？为什么柔软的绳子能锯断硬邦邦的木头？说到底，还是坚持带来的力量。尝试过坚持的人能够锻造出饱含毅力的信念，正因为这极强的信念和排山倒海的气势冲击着人心，让每一个普通的日子因坚持而值得纪念。

No.5

活在当下的意义，就是不要考虑
无谓的事情

宁可在路上失败，也别在起点等待

人生其实就是永远在路上，不要因为害怕结束，而拒绝开始；不要因为害怕被伤害，而不敢去爱；不要因为害怕失败，而在起点等待。只要我们大胆尝试，总会找到属于自己的路。

我记得小时候在外婆家时，镇上只有零星几个售卖生活日用品的小卖店。人们还是更习惯乘坐公交车去并不远的市区购物。邻居家的儿子李克大我一岁，是个爱说爱笑的男孩子，他的理想是在县城开第一个连锁超市。

有次临近年关，我回镇上看望外婆，远远就看到地段最好的铺面里人头攒动。那是一家卖蔬菜水果的商店，门口招牌上写着"老张菜铺"。

路过李克家门口，刚好遇到了他。"回来了。"他朝我露出了标志性的笑容。

"是啊，来看看外婆。李克哥哥，你最近过得怎么样啊？从事什么工作呢？"我笑着说道。

李克无奈地说："货车司机，跑长途。"

"那起早贪黑的，岂不是很辛苦啊！"我说。

"可不是嘛，前一阵由于疲劳驾驶出了车祸，在家歇了好长时间。"他叹了口气，说道。

我安慰道："人没事就好。话说你当初打算投资商店的，为什么没做呢？"

当听到这句话时，他偷偷瞄了一眼他的父母，说道："我没做买卖的天分，浪费那个钱干什么？"说完，他的脸上掠过一丝尴尬。

"不做也好，做生意也很折磨人的。开车收入也不错，不过还是要注意安全。"他避开了我的眼神，但我希望他能从我真诚的眼神中感受到些许力量。

我没有在他家逗留太长时间，他的父母都在，他说话也有所顾忌。我想有些话可以日后单独聊。到了外婆家，我对外婆说："李克现在比以前稳重了很多呀，能踏踏实实跑车了，话也少了。"

"对呀，人总是要长大的嘛。吃亏吃多了，人自然就成熟了。"说到这里，外婆叹了一口气。

现在李克的生活看上去还可以，但最真实的感受也只有他自己知道。人生最遗憾的，不是"我不能"，而是"我本可以"。我曾经很崇拜他富有远见的见地和不凡的口才，也不止一次想象他在众人注视下露出成功的笑容。然而，现在这一切都与他无关了。平坦的路上早已挤满了人，没有人会再需要他。他看到了一条写有成功的道路，可对遍布的荆棘，他心生畏惧。也许他自己早就释怀了，但他的话不会消失在人们的记忆中，他的故事还是会在茶余饭后被人提起，他的光说不练也会成为"别人家的孩子"的反面教材。

人生成功的钥匙本来就在自己手中，如果连你自己都放弃了，那成功的大门迟早会变得锈迹斑斑。反之，如果你在自己的人生中敢于尝试，即使失败多次也没有关系，因为你总会在勇往直前中遇见心中的美好。

我的同学韩志是一个来自农村的孩子，家里的经济条件不好。刚毕业的时候我去过韩志的家乡。那是西北一个偏远的农村，坑坑洼洼的泥土路，塌陷了一半的土坯院墙，黑漆漆的土灶台。这一切都是我从没见过的，也是我无法想象到的。

毕业之后韩志就回到了家乡，一开始他在家修建了一个蔬菜大棚，给当地农贸市场供应蔬菜。建大棚和买车的钱都是借来的。就这样，他开始了自己的创业之路。创业路上的人并不多，因为那条路比去往他家的路更狭窄，更崎岖。他的朋友圈里一直风平浪静，让人的心里也会安心许多。但一天早晨，他在朋友圈里发的一段小小的视频，打破了他艰苦而平静的生活：被大火吞噬着的蔬菜大棚。那大火想必也灼烧了他的心。我给韩志发了一句话，"天降大任于斯人也，必先苦其心志，劳其筋骨，饿其体肤"，想要以此来安慰他。他很快就回复了，只有一个"呲牙"的表情。看到那个表情后，我笑了，我知道那是他真实的心境。

韩志的家乡有着制约经济发展的天然障碍，他的肩膀上有要扛起的家。现在，不管那是天灾还是人祸，都改变不了已经发生的事实，贫穷仍旧会困扰着韩志和他的家庭。

再次见到他，是在毕业十年后的同学聚会上。当看到韩志的第一眼，我就彻底放下了对他的担心。发福的身材，笑起来脸上的肉都快把眼睛挤没了。这说明他现在的生活条件很好。他已经摆脱了贫困。

"最近几年过得不错啊，都胖成这样了。"我首先跟他打了招呼。

"还行吧，就是太忙了。"韩志还是那一脸的笑容。

"忙了好啊，忙了说明挣大钱了呀！"

"天天半夜在外面跑车，大冬天的在车上吃泡面。受罪啊。"

"你可真能坚持啊，一场大火没能把你打趴下。你应该改个名字。你别叫韩志了，你叫韩小强得了。"我说。他的脸上竟然出现了一丝不好意思的表情。

通过和韩志聊天，我知道他后来又借了钱，重新翻修了大棚。他不单单种植蔬菜，还搞起了生态养殖，用一条长长的产业链把自己和很多家庭联系在了一起，不仅自己脱贫，还帮助到了更多的人。创业的那段时间并不是一帆风顺的，有些客户赔钱了还不起他的钱，有的客户居然故意赖账。

韩志家乡的那条泥土路太难走了，不知道现在翻修了没有，不知道这些年过那段路时他是什么心情。但我知道，韩志心里的那条改变自己和家庭贫困现状的道路，已经是一条康庄大道了。

韩志是一个有明确的人生规划的人，他在用实际行动实践着他的目标。虽然从他在朋友圈里发半夜吃泡面、冬天铲雪、推车的视频能想象出他遇到过很多困难，但我知道他一直都在梦想的路上前行。如今他依然为自己的梦想奔波，虽然工作很累，但他乐在其中。我依然会每天看他的朋友圈，看他奔波在路上，听他自带能量的声音。一个乐天的行动派，在成功的路上注定会越走越远。

人生有无限的可能，你只管努力奔跑，剩下的就交给时间。这个世界从不会辜负每一个努力奔跑的人。不要害怕失败，不要轻易认输，给自己一个微笑，昨天的不愉快很快就会烟消云散。

就算明天是世界末日，今天也要活得漂亮

海伦·凯勒在《假如给我三天光明》里写道："我们最可怕的敌人不是怀才不遇，而是我们的踌躇，犹豫……将自己定位某一种人，于是，自己便成了那种人。"我发现很多人在巨大的困难面前容易丧失战胜困难的勇气。遇到困难，他们往往会选择逃避，以至于陷入困顿和自我否定的泥沼中。

2012年的世界末日之说，曾经吓坏了多少人！有的人在"末日"来临之前，早早地给自己准备好"诺亚方舟"；有的人则珍惜当下的时光，回顾生活中的点点滴滴；还有的人依旧保持积极向上的心态，热情地拥抱生活中的每一天……我认为，就算明天真的是世界末日，那么今天我也要活得漂亮。

那些真正让我们感到困难的，似乎并不是困难本身，而是处在困境中的自己。

我在国外留学期间，认识了许多人。有一个人给我的印

象非常深刻，他的名字叫杰森。

杰森在大学里主修的是计算机软件，他的学习成绩十分优秀，而且非常具有创新精神。在生活上，他总是一副嘻嘻哈哈、大大咧咧的样子，做事往往不拘一格。这样的生活方式让他在工作和学习上获得了很多的灵感，可也正是因为他懒散的态度，让他经常无法按时完成工作，白白错失了很多机会。

在完成学业之后，杰森决定开始创业，于是他创办了一家网络科技公司。闲暇时，我和杰森经常联系，在一起谈天说地中了解了彼此的近况。

听杰森说现在公司已步入正轨，他的事业蒸蒸日上，我衷心地为他高兴。

听到我恭喜他，杰森露出了标志性的笑容，似乎并不怎么在意取得的成绩："我现在的工作其实很简单，并没有什么挑战性！"

我为杰森展现出来的自信而感到震惊。

时间总是在我们不经意间匆匆离去。一眨眼，再见杰森已是半年之后。这天，我在一间酒吧内见到了他。出乎意料的是，杰森现在的状态和他之前的样子大不相同，似乎变了一个人似的。

我坐到他的旁边，和他打了一个招呼。

杰森看到我先是一惊，而后眼神似乎有些躲闪。

我急忙问道："好久不见，最近在忙些什么呢？"

杰森终于开口，将这些天的经历全部告诉了我："我的公司破产了。因为没有按时完成客户交付的任务，按照合同约定，公司需要赔偿一大笔违约金。可公司的资金一时周转不开，无法及时赔付，我只好去银行贷款。而从银行贷的款又不足以偿还违约金，导致公司无法继续支撑下去，所以……"

我没有想到，曾经颇具规模的公司说破产就破产了。

杰森看起来很痛苦，我只好安慰他说："公司破产了，可以重新再来。相信自己，你一定可以的。"

杰森揉了揉有些涨红的双眼，举起酒杯，将杯中的酒一饮而尽。

在酒精的作用下，杰森的眼角变得湿润起来，他说："不！我失败了。都怪我的自大，我不该这么放任自己，这么轻视自己的公司和工作，以至于落到这样的结果。"

杰森觉得自己的未来一片黑暗，仿佛看不到出路。他沉浸在自己的悲痛中一时无法自拔。

我拍了拍杰森的肩膀，告诉他："有时候，打败一个人的并不是困难本身。我们常常会高估困难的程度，而忽略了自身的能力。其实，真正能打败一个人的，就是自己。"

杰森听完，沉思了良久。眼角的泪水再也止不住，抱着我痛哭起来。

没过多久，杰森痛定思痛，重新找到了几个合伙人，决定设法东山再起。

看到杰森重新振作起来，我由衷地为他感到高兴。

生活似乎就是这样，我们永远无法预知困难会在什么时间、什么地点突然出现在我们面前。有些人经历了车祸，导致残疾。有的人做手术失败，留下终身的后遗症。我们或许会为此感到难过和痛苦，但不可以因此放弃生活的信心。即便在最困难的时刻，哪怕我们不能看到明天太阳的升起，但只要我们还活着，那就一定要活得漂亮！

在一次同学聚会上，我遇到了我的高中同学赵强。赵强是美术特长生。艺考结束后，他就被一所很不错的大学录取。

赵强说："小的时候，我很喜欢画画，可是家里却并不支持，他们只想让我好好地学习文化课，然后考一所好大学。在他们看来，画画有什么可学的？还不如学点知识和手艺。"

我摇了摇头，说道："我倒不这么认为。在我看来，兴趣是一个人最好的老师。如果真心喜欢，不妨努力去学。"

听到我说的话，赵强很欣喜，他说："父母打也打了，骂也骂了，我依旧还是坚持自己的想法。最终，他们拗不过我，答应了我学美术的愿望。"

赵强又说起他最近在公司发生的一件事："刚进公司的

时候，一天，我所在的设计小组接到了公司指派的一项任务：为一家灯饰公司设计一款高端吊灯。客户的要求是原创、新颖、时尚，符合欧美潮流路线。"

赵强一边用手比划，一边说："从前期的材料收集与整理，到设计草创，我将一些中国古典的灯饰元素融入进去，最终形成了一套自己的方案。然后，我把这个设计交给了总监。"

赵强的语气里透着一丝失望，他说道："没想到，当时总监看了几眼之后，就将我的设计方案放到一旁，说不符合客户的要求，还说要是最终的方案被否掉的话，我必须承担起项目失败的风险！"

我暗自为他捏了一把汗，问道："那后来，你又是如何选择的呢？"

赵强哈哈一笑，说道："我当时告诉总监，如果客户不满意我的方案，那么一切责任都由我来承担！"

我突然为他的坚持和强大的自信而感动。

"最终，总监还是保留了我的方案，但同时也让我严格按照客户的要求再做一份方案出来。我一边重新设计新的方案，一边完善我之前的方案。"赵强眼中闪烁着光芒。

他继续说道："客户认为我的方案设计新颖，虽然跟他们的要求不是完全相符，但对我的方案很满意，最终被成功采纳。之后，这款灯具一上市，就得到了消费者的青睐，而且受到国内和国外的广泛好评。"说到这里，赵强显得很激动。

听到他的努力最终大获成功，我不禁为他拍手叫好。

他对我说："如果不是当初的坚持，如果我当时听到总监的质疑就立即放弃，那么我永远不可能做到总监的位置上，更别说取得今天的成就了。"

赵强的这些经历给了我很大的触动。

如果我们一遇到挫折，就轻易否定自己，丧失挣扎的勇气，那么失败的痛苦将会长久地伴随着我们。如果我们坚持下去，努力做好手中的每一件事，那么我们终将赢得胜利。况且，我们即便失败了，也可以骄傲地向世界宣布："我努力过了，我不会后悔！"

生活中，我们总会遇到各种意想不到的困难。就算眼前的困难压得我们喘不过气，也要勇敢地向它发出挑战，用自己的光和热，照亮自己的前程。

心态崩了，那就什么都完了

　　人生在世，不如意十之八九。上学时期，学生会因成绩不理想而深感努力白费；工作之后，职场人会因做出的成绩未被领导认可、遭受训斥而备感委屈；在生活中，本以为一切会向好的方向发展，却突然遭遇变故，整个人因而大受打击。以上这些情况都会影响个人情绪，有些人选择一丧到底，有些人会擦干眼泪继续前进。不过，我们要明白：心态若是崩了，就什么都完了。

　　在国外留学期间，班里有个女生，名叫苏阳。她学习极为用功，每门科目的成绩都很优秀。因为爱好相同，我们成了密友。回国后，我在家乡创立了文化公司，她在大城市的一家世界五百强企业就职。虽然我和她在不同的城市工作，但我们一直保持联系。

　　有的时候我们会在晚上进行视频聊天，聊聊彼此的近况，苏阳经常会跟我说，最近完成了什么工作任务，给公司带来了多少利润。每每听到她取得成绩，我都会送上祝贺。

但是不知从什么时候开始，苏阳不再发微博，也不再与我视频聊天了。我想也许是苏阳遇到了什么难事，就赶紧拨通了她的电话。果然，电话那头传来苏阳有气无力的应答："我被公司开除了，现在天天在家反思，我感觉生活没有了希望。"

我不解地问："你之前不是干得很好吗，为什么会被开除呢？这期间到底发生了什么？"

也许是因为眼泪早已哭干了，苏阳淡淡地说："刚入职的时候，我因专业能力相对比较强受到领导的青睐，不到一年的时间，我就当上了部门的项目组组长。有一次，公司把竞标的项目交给我们部门的两个小组，让我们在两周之内出方案，然后从中选出最优秀的方案参与竞标。我们组接到任务后，一刻都不敢懈怠，好在我们的方案得到了领导认可，但是我没想到就在参加竞标会的前一天，我的电脑被人恶意入侵，原本的方案消失不见，更糟糕的是，其他组员的电脑里没有备份文件，我们错过了这次竞标会。公司大失所望，就把我们都开除了。"

我安慰苏阳说："这次确实是你疏忽了。别灰心，以后别再犯类似的错误就行了。"

苏阳依旧很丧气地说："你不知道这次失败对我造成了多么沉重的打击，从小到大，我一直是老师眼中的优等生，工作一开始也是顺风顺水，没想到这次被人暗算，落得现在这么悲惨的下场。这次不仅是我个人的失败，我也对不起和我一起奋战的组员，我辜负了他们对我的信任。"

我看得出来，苏阳的内心已临近崩溃，我连忙鼓励她："事已至此，后悔无用。你应该振作起来，你的能力那么强，一定会找到更好的工作。"

苏阳一直处在悲伤之中，说："我什么都干不好，还是在家歇着吧，省得给下家公司添麻烦。"

无论我再怎么劝说，苏阳都无法从这次事件中走出来。我担心她一个人在家会出意外，就劝她回她父母家。从那以后，我会隔段时间给苏阳发消息，询问她的近况，她的回复一直都是：我不想找工作，我感觉自己失败极了。

每次看到这样的回复，我都会对她说几句鼓励的话。但事实证明，这些话对她来说毫无作用。

人在遭遇打击之后沮丧灰心，甚至很长的一段时间都很难过，这属于正常现象。但人不能因为一次失败就对未来丧失信心，那样岂不是荒废了整个人生？人生的路那么长，在一处跌倒了又何妨？站起来继续向前走，还有无数的美好等待着你去发现。

我有一个表妹叫雯心，前几年为了考上某所国外大学的研究生，每天除了吃饭和睡觉，其余时间全用在复习功课上。本以为胜券在握，谁知在考试当天她由于太紧张发挥失常，最终成绩未达标，与理想的大学失之交臂。

那段日子，雯心的心情很低落，时常看着书桌上的复习资料感叹："之前做出的努力全都白费了。"雯心的妈妈不但没有安慰她，还对她说："我看你那么用功，考上研究生本来是没问题的。你以前经历过那么多考试都没紧张，这次怎么就不能保持平常心呢？这次没考好，你再哭也没用。从头开始复习吧，明年再考一次。"

雯心不想反驳妈妈，只好给我打电话拆说她心中的苦闷，还把妈妈教训她的话也一并告诉了我。我在电话里说："你别难过了。这次考试失利，很有可能是因为你在复习期间一直很焦虑，总是担心自己考不好。带着这样的情绪上考场，一定会影响到你的发挥。你这几天把自己闷在家里，除了哭之外，也没心情做其他的事。这样吧，我把手头的工作跟同事交代一下，陪你出去散散心。"

我带雯心坐上了去往南方某城市的高铁，在高铁上我劝她说："别再想那次失利的考试了。出去旅游是件高兴的事，到了之后你多看看风景，多品尝一些美食，让心情变得好起来。"

下车之后，我带雯心去了当地的著名景点游玩，并多次提出要为她拍照，希望她能多笑笑，驱走心里的阴霾。我们在一家西餐厅吃午餐，那是她第一次吃西餐，她被精致的摆盘和绝佳的味道所吸引。从西餐厅出来之后回到宾馆，她就一直在网上查找西餐的做法。我看她的心情有所好转，便放心了许多。

接下来的几天，我都会带雯心去吃西餐。每次她都吃得很开心，还在去景点的途中，上网查找吃过的西餐菜品中所用的原料、酱汁和烹饪方式。在返程的高铁上，她突然对我说："姐，我不想继续考研究生了。我想学习西餐的烹饪技巧，争取有朝一日能开一家自己的西餐厅。"

虽然我有些惊讶，但也能理解她的想法，便鼓励她说："我支持你。有梦想就去努力地实现它，等你的梦想达成了，我就叫上公司的同事和朋友都去光顾你的西餐厅。"

雯心听完我的话，呵呵一笑，继续上网查阅西餐的资料。一路上我们有说有笑，她再也没有提起考研失败的事。出了火车站，我打车送她回家。到家后，我向小姨说："我把雯心平安地带回来了。经过这次旅行，她调整了心态，她告诉我她想要学习西餐。"

小姨听了我的话，大发雷霆地说："学什么西餐啊？考国外的大学才是正经事。雯心，你赶紧给我打消这个念头，安心复习，来年再考！"

雯心默不作声地回到了自己的房间。接下来的日子，纵使母亲一直反对，她也没有放弃厨师梦。她报名参加了西餐培训班，认真学习各项烹饪课程，还阅读了很多与经营西餐厅有关的书籍。她坚信，等西餐厅开起来之后，母亲一定会理解她的，并为她骄傲。

　　学习完西餐的课程之后，雯心就去应聘西餐厅的工作，她烹制的菜品收获了很多顾客的好评。她把打工赚来的工资攒起来，租了一家店铺，自己当了老板兼主厨。在西餐厅创立之初，鉴于店里没什么特色菜品，所以生意比较惨淡。她没有灰心，每天打烊后，她都会在厨房研究新式菜品，自己尝过味道并感觉不错之后，就会在第二天邀请我去西餐厅里品尝，并记录下我对菜品的意见，以便进行改良。除了研究新式菜品之外，她还走访了很多主题西餐厅，汲取创新的灵感。我把自己的设计师朋友介绍给她认识，她把想要的模样告诉设计师，将自己的西餐厅从内到外翻修了一遍，新设计的西餐厅给人带来眼前一亮的感觉。除此之外，她还更新了菜单，并且制定了每周的主题。重新开业之后，来西餐厅吃饭的客人逐渐增多了，他们给出的反馈是餐厅的主题很吸引人，每周都有新惊喜，而且菜品的味道和摆盘都很不错。

　　我看着表妹的生意有所起色，终于实现了她当年的梦想，还得到了她母亲的夸奖，心中备感安慰。幸好她没像我那个同学一样，被一次失败击垮了斗志，而是及时调整心态，换个方向继续努力，才有了今天的成就。

　　人活一世，总会遇到一些不顺心的事情，你可以感到沮丧，但别让自己的心态彻底崩坏，那样人生就提前宣告结束了。人只要还活着就意味着还有希望，即使前路布满荆棘，也要相信总会迎来柳暗花明的时刻！

走出去，才能看到有趣的人生

　　小时候的我们，对一切充满好奇，每天过得都很快乐。长大后的我们，为工作奔忙，为家庭操劳，日复一日的生活让我们心生厌烦，但又无力改变。虽说生存是规则，但如何过好日子却取决于我们的选择。别再被无趣束缚，我们应该勇敢地走出去，欣赏美好的风景，和有趣的人生相遇。

　　公司的财务总监千羽，是我多年的好友。我和千羽是在留学期间认识的，她是个追求自由、热爱旅行和写作的文艺女青年。上学时，千羽特别喜欢利用业余时间坐火车去周边的城市旅行，每次都会把自己的所见所闻写成游记发布到博客上。我看过她写的游记，觉得伴随着那生动形象的文字，仿佛自己与她同行一般。

　　我对她开玩笑地说："你的文字功力这么棒，是不是以后要做个自由撰稿人？你的理想该不会是边旅游边写作，潇洒自在地过一辈子吧？"

　　千羽回答："还是你懂我，这就是我的梦想。我可不愿意毕业之后就结婚生子。一个人多自由，想去哪儿就去哪儿。我的游记在网络平台上点击率那么高，以后我要出书，我感觉当个作家也不错。"

那时候我们憧憬着未来，总觉得日子就这样朝着理想的方向发展。可没想到，毕业后，在一次旅途中千羽邂逅了她的爱情，居然忘记了曾经的"独立宣言"，一毕业就步入了婚姻的殿堂。我祝福千羽收获了甜蜜婚姻的同时，也不免担心地说："你结婚之后，还会坚持最初那边旅行边写作的梦想吗？"

千羽开心地说："当然。我老公答应我了，每个月都会带我去旅行，两个人一起出去玩更有灵感，也许能创作出更有幸福感的文章呢。"

然而，现实的结果却是，千羽在蜜月期间怀上了宝宝。为了安心保胎，千羽只好搁置了旅行计划，但这不是暂时的搁置，而似乎成了永久。孩子出生之后，凡事亲力亲为的千羽，辞去了工作成为全职主妇，每天都为照顾孩子而忙到焦头烂额，实在无暇顾及旅行计划。过了几年后，孩子上幼儿园了，千羽不用时时刻刻地陪在孩子身边了，除了买菜做饭之外，终于每天有了几个小时的空闲时间。

有一天，千羽约我出去坐坐，聊起近况时全是抱怨："我真后悔那么早结婚，那么早要孩子，现在我的生活重心都是家里那些事。哎，我居然活成了当年自己最讨厌的样子。"

我安慰她说:"别灰心,如果你觉得现在的生活没意思,那就把孩子交给父母,让他们帮忙照顾几天。你自己出去走走,散散心。"

千羽无奈地说:"孩子从小就跟着我,估计在奶奶家或者姥姥家过夜不行。再说了,老人们凡事都顺着孩子,我回头再纠正他的坏习惯会很麻烦。"

我说:"你啊,就是被现实生活束缚住了,就算你不能实现之前的梦想,也别放弃每年的旅行和写作计划啊。哪怕不能去太远的城市游玩,也可以去看看本地周边的风景。不会浪费很多时间,还能让你的心情变好。"

千羽还是摇摇头,说:"不行,我真的没有出去玩的时间。老公忙于工作,我现在不上班了,不给家里赚钱,怎么还能想着出去玩呢?"

我反驳说:"你每天操持家务这么辛苦,给自己放几天假怎么了?像你这样,天天抱怨生活过得无趣,却不想走出去发现新的美好,心情只会越来越低落。未来的日子还很长,你总不能一直这么委屈自己吧。"

千羽叹了一口气,说:"就跟你抱怨几句而已,我不会在孩子面前抱怨的,以免影响他的情绪。等孩子上中学住宿了,我再考虑自己的梦想吧。"

虽然我无法与她感同身受,可也实在不理解千羽的做法。宁可将自己沉浸在无趣的日子里，也不肯从家庭中走出来，去大千世界中寻找人生的乐趣。

梦想中的生活再完美，也终将被平淡的现实击败。虽然我们再也找不回青春的激情，但也别失去对生活的热情。我们把自己困在家里，满脑子想的就只是家务活儿、照顾家人，这是我们的责任，但这不是我们人生的全部。我们与其没完没了地抱怨生活无聊，不如让自己从无趣中挣脱，坐上通往异地的列车，去邂逅新鲜的事物，赶走心里的苦闷，进而燃起对生活的激情。

公司刚成立的时候，只有我和三个合伙人，我们每天都在讨论如何创作出各种不同风格的作品。那段日子我们不是埋头写作，就是聚在一起分析各自的文章中存在的不足之处。刚开始的时候，我们在网上发布的文章点击率很低。我们尝试更改标题，也在故事中加入比较引人入胜的情节，但就算反复修改，点击率还是处在很低的水平。

那时候的我们，只知道从书籍或者网络文章中获取灵感，写出来的文章还是难以获得大众的认可，这让我们很烦恼，不知道应该怎么解决这个问题。突然有一天，有个同事说："咱们总是窝在办公室里写作，思路太过局限。每次辛辛苦苦写出来的作品，总被评论说没有新鲜感。就算修改文章也没有灵感。也许我们可以考虑去旅行，看看美丽的风景，体验一下当地的风土人情，从中获取的素材可以为我们接下来的创作提供灵感。"

听了他的建议，我们三个人举双手赞同。从那一刻起，我们把写文章的任务搁置一旁，开始搜索各种旅游攻略，讨论具体的行程安排。我们分别拿出各自的一点积蓄，把钱集中起来作为这次的旅游基金，然后订好车票踏上了旅程。

虽说我们摆脱了埋头苦干的日子，呼吸到了新鲜的空气，但我们没有把坐车的时间全用来睡觉，而是拿出相机拍照，将沿途的风景定格成照片。拍完照片后，我们会围绕着照片想几个文章选题。不仅如此，就连在火车上发生的新鲜事，我们也要记录一下。果然，走出去获得灵感，比闷在办公室里冥思苦想要容易得多。

第一站定在青岛，在海边行走不仅能感受到海风的清凉，还能在沙滩上看到很多故事。看见手挽手的情侣，在欣赏美景的同时回忆过去的经历；看见父母陪着孩子堆砌海边城堡，全程有说有笑，画面温馨美好；看见三五成群的好友，在沙滩上写"友情万岁"，并拿出自拍杆拍下合照。我们当天的午餐地点选择了一家海鲜自助餐厅，听到客人们调侃当年的"青岛大虾"事件，店员还主动回应说："您放心，我们这里绝对实行良心价格。"

这些虽说只是最简单的生活小事，但对我们来说却如获至宝。将平淡的生活琐事进行合情合理地加工，所形成的作品不仅贴近日常，还能让读者从中获得趣味。我们在青岛的所见所闻，为写作积累了很多素材，让我们认识到"走出去"的正确性。

第二站定在西安，来这里的主要任务就是游览各式的名胜古迹。我们用相机拍下建筑的照片，以便给日后写游记提供高清图片。我们跟随解说员的脚步游览这些名胜古迹，在欣赏建筑的同时还了解到与建筑相关的历史事件。我们在游览的途中做了分工，有人负责拍照，有人负责记录相关事件。回到酒店后，我们会用睡前的时间开个小型的研讨会，各自将一天所得的素材汇编成简短的故事情节。

西安之旅结束后，我们又向南方进发，从武汉到长沙再到深圳，一路上除了探访各地著名的景点之外，还品尝了当地的特色美食，把在餐厅中看到的新奇事件也一并记录了下来。不仅如此，我们还利用晚上的时间观看了当地的文艺演出，从各式各样的剧情中汲取创作的灵感。

结束了历时两个月的旅行之后，我们回到公司继续创作。开研讨会的时候，我们不再各自浏览网页或翻阅书籍，而是分享出各自在旅程中搜集到的素材，并据此说出自己能联想到的故事情节。从那时起，我们创作的气氛不再如往常那样沉闷，而是充满欢声笑语。

我们把精心创作的文章发表到各大网络平台，其中大部分的文章都收获了很多人的点赞，也得到了很多人的好评。看着读者的数量越来越多，我们的内心非常激动，我们的团队终于有了广受关注的作品，这让公司的知名度也得到了很大的提升。不久，公司接到了很多项目，更赢得了与大公司合作的机会。

　　如果感到当前的生活不如自己的预期，那就暂时放下不愉快，将搁置许久的旅游计划提上日程。带着好奇心走出去，到陌生的地方去欣赏新奇的风景，去观察各式各样的人生，也许会改变自己最初的心境，让自己在平淡的日子里笑出声来。

年少时的迷茫，不过是因为想得太多

　　大学快毕业的时候，很多年轻人都会陷入迷茫，梦想太大，能力不足，天天说着不知路在何方。好不容易找到了工作，成了职场新人，又不知该如何提升业绩，整日消沉，不思进取。年轻人总是拿"谁的青春不迷茫"来安慰自己，殊不知迷茫的根源在于自己总是想得太多，却从不肯付出努力。

　　说起迷茫，我想起了我的表弟文奇，他只比我小几个月，所以我们上学的时间是同步的。大三那年寒假，他来我家做客，问我："大学毕业后，你有什么打算？"我很坚定地说："我想出国深造。"他点点头说："我和你的想法一样，那我们可以一起备考。"我答应了，并且在那个寒假我就制定了备考计划。

　　过了几天，他又来到我家，看到我在背单词，就过来说；"我这几天都没耐心背单词，我感觉一定是在高中的时候没好好学英语，再加上大学时学的不是英语专业，所以才记不住单词。"

我一脸不屑地说："既然你知道原因，就应该多努力一些，补补英语基础。"

他不以为然地说："现在补习都晚了，还有一年就毕业，时间根本不够用。"

我说："既然你知道时间有限，那就更应该抓紧时间啊，有抱怨的工夫，还不如用来背单词。"

他无言以对，只能默默地走开，留下我在房间里继续背单词。

寒假结束后，我和表弟回到了各自的学校。我在课余时间执行备考计划，每天做一套考卷，并对照答案分析错题。有一天，表弟给我打来电话："我把单词背完了，但在做题的时候还是想不起来单词的意思，我该怎么办啊？"

我回答："那你就在做题中积累单词，反反复复地多做几遍，加深对单词的记忆。"

他反驳道："那怎么行呢？本来时间就有限，不能全用来背单词吧。哎呀，我一个英语白痴，居然还有出国梦。"

我真是被他打败了，他总说自己找不到方向，我给他想办法，他还不照做。我劝了很多次都没用，只好由他去。

过了一段时间，我又接到他的电话："姐，你说我是不是应该在参加出国的语言考试之前，先在学校里把大学英语四级考了呀？要是我能通过四级考试，还能积累点考试经验。"

我以为他终于肯做出努力了，便鼓励他："你能这么想很好啊。现在距四级考试还有三个月，你好好复习，争取一次通过！"

可是没过几天，他又说："我报名四级考试就是个错误，我应该一心朝着出国考试而努力才对。真是的，都怪我想错了，白白浪费了好长时间，严重影响了备考进度。我现在调转方向也来得及了，不说了，我继续背单词了。"

我还没说话，他已挂断了电话。我总是听他说这些乱七八糟的想法，又忍不住替他发愁，总想些无关紧要的，什么时候能做点有用的事情啊？

距语言考试还有两个月的时间，表弟又跑到学校来找我："姐，考试越来越近了，你赶紧给弟弟指条明路吧。我还有好多资料都没看，就剩两个月，来不及了，如果我这次考试没通过，不知道该怎么办啊。我把全部精力都用来备战这次考试，毕业论文还没开始写呢。你说我是不是应该一边备考，一边写论文啊？不行，这样肯定会分散我的精力，可也不能为了应对出国考试，最终我不能毕业吧。我现在到底应该怎么办啊？"

表弟十分渴望我能给他一个准确的答案，可是我对此真的无能为力。我说："从你跟我说想出国，你就应该为这个目标努力。但是从那之后，我一直在听你说各种没用的想法，你用这些胡思乱想的时间可以做很多事情，看很多资料。归根到底，就是因为你想多了，所以你现在才如此迷茫。接下来的这两个月，如果你还想出国，就多花些心思在备考上，再抽点时间构思一下你的论文框架。如果只想安安稳稳地毕业，那就别再看英语资料了，准备期末考试和写论文吧。"

表弟若有所思地回去了。我当时想，但愿我这么劝他，他能做出改变吧。但最后的结果告诉我，我的话全白说了，对他来说没有起到任何作用。

他不甘心放弃出国梦，但还是像以前一样，想得多却做得少。考试结果不理想，他不能出国了，因为这件事他很受打击，却始终不肯承认因为自己想得太多，没有做很多努力，才导致这样的结果。

没有谁生来就什么都会，不过是在最初确定了梦想，就朝着既定的方向不断努力罢了。像我表弟这样，总说自己迷茫，抱怨自己不用功，但依旧甘于现状，最终只会一事无成。谁都难免会感到迷茫，有些人会被想法击垮了斗志，但有些人却通过努力，赶走了迷茫。

公司创立之初，招聘过几名刚毕业的大学生，其中有个女生叫夏茹，很擅长言情文章的写作。她刚来公司的时候，每天写的言情文章在网络上都有很高的点击率。但后来公司业务变动，主编要求她写励志类的文章。之前言情类小说是按照记叙文的格式写，突然变成议论文的格式，她有点不习惯，因此每次交给主编的文章都不达标。那个时候，每次经过她身旁，我总会看到她愁眉苦脸的样子。出于关心，我在下班的时候把她叫到办公室，想问问她的近况。

我开门见山地说："看你最近心情一直很低落，是不是在工作中遇到什么困难了？你可以告诉我，我来帮你想想办法。"

夏茹说："之前我写言情类文章的时候，每一篇都获得了主编和多数网友的认可，我想着可以在公司里大显身手了。可是有一天，主编突然要我写励志类的文章，我才发现在这方面积累得太少了，以至于写作质量很低。每天看着自己辛辛苦苦写的稿件，被一次次地退回，我觉得很委屈，又不知应该如何改变现状。"

我还没说出安慰的话，夏茹继续说道："主编说我的故事设计得不够有趣。可是我一直对言情系列的小说很感兴趣，阅读过很多相关的书籍或网络文章。我很少读励志类的文章，所以脑子里没有励志类的素材储备。我现在感到很迷茫，觉得自己选错了工作。作为一个写手，居然只会写一种类型的文章，对于其他类型的写作一窍不通。我想换个工作，但是我很喜欢写作，除了做写手，我不知道自己还能干什么。"

在夏茹说话的时候，我给主编发了信息，让他把夏茹的稿件发给我，我看了文章之后，对她说："你的文字功力很强，只是故事的逻辑性有所欠缺，我建议你在业余时间多看一些励志类的影视作品或者相关的短篇文章，积累一些素材，以便在写作的时候套用。我回头和主编沟通一下，先不让你写稿了，近期你就帮其他的同事润色文章就好。"

夏茹感到很受启发，紧锁的眉头也舒展了。在之后的日子里，夏茹坚持每晚看一部励志类电影，再加一篇励志类短篇文章。第二天上班前，她会把前一天晚上看过的作品中涉及的故事写成一个梗概发给我，并咨询我的意见。起初，在收到故事梗概时，我会说："你写的这个故事梗概有些啰嗦，可以精简一些。"

听了我的意见，她重新做了修改后发给我审阅，我看后觉得很欣慰，并鼓励她说："以后故事梗概可以按照这个模式来写。平时多看些不同形式的励志类作品，对你写作很有帮助。"

除了电影和文章，她还看了很多励志类电视剧的剧情简介，并试着将篇幅很长的故事浓缩成一篇1000字以内的文章。她把文章分别发给我和主编，我们在看过之后会提出一些意见。她会在上班期间做好本职工作之余，再按照我们的意见对文章进行修改。

经过了一段时间的积累，她向主编申请继续写励志类文章。这次她写的故事不再像之前那样寡淡无味了，不仅文章标题新颖，让人有阅读的欲望，而且故事情节设计得引人入胜，故事中蕴含的道理讲述得精准，又富有哲理。她进步神速，她写的励志类文章也如之前的言情文章一样，点击率持续走高。

然而，夏茹并没有满足当前取得的成绩，一直坚持在闲暇时间阅读各种类型的作品。不到一年半的时间，她已经能够轻松驾驭多种写作风格了。鉴于她的专业能力有了较大的提升，工作业绩也相对突出，在她入职后的第三年，公司决定让她担任编辑部主管。

年轻人之所以会感到迷茫，是因为他们脑中的想法很多，却又不知该从哪方面努力。与其被想法困住脚步而无所适从，不如抓紧青春的大好时机多做一些有用的事情，这样才能尽快驱散迷茫，迎来曙光来临的一刻。

No.6

有了面对生活的勇气，任何难题都不是问题

所谓生活，就是在一个又一个问题中穿梭

　　何谓生活？上一刻的欢笑，下一刻的慌乱，还没有解决老问题，又来了一个新的突发情况……生活，就是一个又一个问题积累起来，把我们压在最底层，想要拼命挣脱，却又掉入了另外一个深渊。

　　多年以前，当我还是一名业余记者的时候，一个记录生活的节目组找到了我，让我跟随一位快递员体验一天他们的生活。

　　原本我没太放在心上，以为这是再简单不过的事罢了，哪有我们这样每天背着相机到处跑，回来还要撰稿辛苦呢？直到我开始体验的那一天，我才明白，原来是我想得太简单了。

　　你知道一件包裹送达的背后，要经历怎样的一段"旅程"吗？凌晨五点，整个城市中的大部分人都还在熟睡，而快递员王师傅却已经早早到达了仓库，将物品整理打包。天蒙蒙亮就出发派送，骑着小三轮车在大街小巷里穿行，上

楼、下楼，再上楼，再下楼，不停地重复着这些动作。尽管汗水浸透了衣衫，但是他一刻也不敢休息。他用搭在肩上的毛巾擦了擦汗，说："今天活儿多，早饭都没来得及吃，就赶紧出来了。"

身材瘦小的他，驾驶着一辆三轮车穿行在车水马龙的街道上，避开了各种危险，将快件安全地送到客户的手上。忙碌了一天，终于等到他下工，我们席地而坐开始了短暂的访谈。在他的讲述下，我明白了快递员这个职业背后的辛酸与委屈。

为了给家里年幼的孩子提供更好的生活条件，他独自来到这个城市做快递员的工作，这一干就是五年。

在这一带认识王师傅的人很多，他非常热心肠，如果附近的人需要发快递都会联系他。王师傅会根据自己的路线安排，跟客户定好取件的时间。他就像一张活地图，对他负责的片区了如指掌，每个地址对应的是小区还是店铺，是高层还是低层，是否装有电梯等，他都一清二楚。

那天，我刚出门就看见王师傅气喘吁吁地站在楼下。原来，他刚才送快递的那栋楼电梯坏了，王师傅一口气爬上了十二楼，把快递送到客户手里后，心里担心着是三轮车上没派送的快递，便一刻也不敢休息，又匆匆下楼了。休息了一会儿，王师傅又开着小三轮车走了。

其实，快递员根本不像外界传言的那样月入上万，在这个行业背后更多的是辛苦和汗水。我问他为什么不换一个工作，他回答说："习惯了，没有刚开始那会儿苦了。再说了，干一行爱一行嘛。出来不就是为了让家人有好日子过嘛。"尽管他的话语朴实，却在我心里掀起了惊涛骇浪。我由衷地钦佩这个男人的坚毅和担当。

王师傅说他们一般上午以派件为主，匆匆结束上午的工作以后，会回家躺一会儿。待到睡醒以后，随便吃口饭，便又开始工作。下午的取件量是比较大的，一模一样的路线，王师傅用更快的速度到达一个个约定好的目的地。在正常情况下，傍晚七点就差不多结束了一天的工作，可是如果碰上双十一或者各种节日的时候，他工作的时间可能会更长，有时甚至要一直派单到入夜。

这段时间赶上天气降温，王师傅又得了重感冒，夜幕渐渐落下的城市萧瑟而寒冷，呼吸一下就会升起一团团白雾，瑟瑟的寒风冻得人直打哆嗦。

回到公司，王师傅将货物过安检后，开始了冗长的打包过程。他将客户的信息一项项填好，然后等待同事来扫描记录。将这些完成后，这会儿终于可以喘一口气了，王师傅带着一天的疲惫，一屁股坐在角落里，不知不觉就睡着了。来扫描的同事叫醒王师傅时，已经晚上十点多了，他给妻子打了视频电话，孩子们都已经进入梦乡，他就那么静静地看着妻子和孩子，嘴角扬起了满足的微笑。每天早出晚归，他已经好久都没有听到孩子叫他爸爸了。

夜色渐渐浓重，可是对于王师傅来说，现在就是一天中最好的时光。几个小时后就是黎明，又会迎来新的一天。

生活就是这样，它不会因为你没有准备好面对未来，或者个人能力不够强，就停止对你的打击。它从来都是不问缘由地给予你无数挑战和障碍，而成功的机会却非常微弱与渺茫。

罗马就在那里，可能有些人一出生就站在了那个位置，但也有人需要历经艰险才能到达。生活有时就是这么不公平，人的起跑线就是这么天差地别。然而，这不是我们放弃努力、放弃拼搏的借口。试想一下，如果你没有出生在罗马，又放弃努力，那你这一生可能都没有机会去那里！再想一想，如果生活毫无波澜、毫无挫折、一直平顺，那这样的生活，真的是你想要的吗？

多年以前，我还没有从大学这座象牙塔中走出来，临近毕业，离别的情绪在同学们心中流淌。为了排解这些伤感的情绪，班长便开始不断地组织各种聚会。

然而有一个人例外，他从不跟我们一块儿打闹玩乐，每天下课后就径直回寝室。我们一直觉得他难以相处，于是在接连几次邀请无果后，我们的聚会再也没有叫过他。

不可否认，他从小到大一直都很优秀，无论哪次考试都是名列前茅，一直是家长口中的"别人家的孩子"，是老师眼中最受器重的学生，也是被学校寄予厚望的人。

有人说，我们终其一生不断奋斗，却最终只能成为一个普通人。而他恰恰相反，他上学的时候不用认真复习功课，照样可以取得优异的成绩。偏偏人家还不是大众眼中的理工男，学校文艺晚会的主持人是他，团支书是他，参加画展的也是他，简直就是学校里最耀眼的那颗明星。

大学四年很快过去，后来我跟他也断了联系。再次遇见的时候，有种恍如隔世的感觉。他一改往日清新干净的装扮，变得胡子拉碴不修边幅，整个人似乎老了好几岁，浑身散发着十分颓废的感觉。

我冲他挥挥手说："嗨，老同学，好久不见。"

他抬了抬眼皮，没什么波动地应了声："哦。"

短暂的沉默过后，他邀我去了附近的咖啡馆，落座后他向我大倒苦水："别人一直看我光鲜亮丽，其实只有我自己知道，我并没有那么出色。我遵从父母的意愿进入现在这家跨国企业后才发现，比自己优秀的人有那么多。我每天面对着不擅长的工作、不擅长的领域，被上司骂已经成了家常便饭，我快撑不下去了。"他痛苦地捂着头，继续向我倾诉："你知道吗，前一段时间公司有一个大工程，让我们项目部每个人出一个方案，我熬了好几晚做出来的方案啊，一下子被砍了。为什么别人都没事，就我的被砍了，那种感觉就像被人当众说你是最差的。"

　　我望着他没有出声，我理解他的这种感受，每个人初入职场都会经历这样的阶段：对自己的否定大于肯定。只是，从小顺风顺水惯了的人，更容易将这种心理放大，曾经的"优越感"被埋入了尘埃，对自己的人生不断地怀疑起来。

　　长大后进入了社会，没有人会记得你曾经满分的成绩和鲜红的奖状，唯一能看到的是眼前这个在工作上毛毛躁躁、笨手笨脚的你。

　　我的那个老同学，往昔浑身光芒四射，哪里会想得到出现如今的情况？于是，当遇到这样的事情时他开始慌了，他无法解决那些工作上或者生活中的难题，自身的优势再也发挥不出来，变成了和大众一样的平凡人。

　　我一直认为，挫折和麻烦是上天赐予我们最好的考验。在千百次的锤炼中，我们会不断地长大、成熟，变得稳重、内敛，学会自己去解决麻烦，而不是面对麻烦时像个懦夫一样只会逃避。

认真面对生活的人，都是被天使吻过的人

"生活降苦难于我，我报之以歌。"我觉得认真生活不是朝九晚五，更不是三点一线，而是一种积极生活的态度。认真面对生活的人，不会畏畏缩缩，而是直面迎击，就像是被天使吻过的人，不分贵贱，不论贫富。

我曾经在一段旅行途中，遇见过这样一对夫妻。他们看起来饱受生活的排挤和冷落，脸上都是风霜掠过的痕迹。可他们看向世界的眼神中，依旧洋溢着希望，如果不是认真对待生活、热爱生活的人，绝不会露出那样坚定的目光。

那时候，我觉得工作压力大，趁着假期给自己安排了一场说走就走的旅行。

火车缓缓驶出了站台。

旅行结束返程途中，看着窗外一闪而过的风景，我回想自己的这段旅途，瞬间就觉得轻松又惬意。我想回到工作岗位后，会更加充满动力。

火车上，坐在我对面的是一对中年夫妻，他们穿着同样

的工装，脚边还放着工地上的安全帽，鞋子上沾满了建筑工地上的沙土和水泥，已经看不出鞋子本来的样子。我想，这一定是一对外出打工的夫妻。

果不其然，两个人说说笑笑，眼睛里全是笑意。在他们的言语中，我听出了一些他们的情况。为了养家糊口，他们奔波在繁忙的旅途中，哪里有需要就去哪里。不过，我从他们眼中看不出他们对生活的不满和悲观。

过了一会儿，他们拿起手机跟远在老家的孩子视频通话。四十多岁的他们，笑起来像个孩子，男人一直在用手比划着什么，女人时不时地拍手叫好，男人把手搭在女人的肩膀上，两人通过屏幕对孩子做着鬼脸。

听着两个人的说笑，旁边的人不时地投以不屑的眼神，眼神中夹杂着些许鄙视，更有甚者瞥了一眼，轻哼一声，仿佛在轻声咒骂着什么。

过了一会儿，两个人不舍地挂断了视频电话。这对夫妻相视而笑，可眼里分明含着泪水。

我静静地坐了一会儿，紧接着就兴致盎然地和他们攀谈起来。

"两位是从工地上直接赶火车的吗？"我带着疑问的口气开口问道。

"嗯，结束了原来工地的工作，准备去新的场地上开工。"男人低头看了看自己的衣服，害羞地笑笑。

　　"这么赶吗？钱也不是这么挣的啊！还是要注意身体。"我惊讶地脱口而出。

　　男人听了我的话，看看旁边的妻子，腼腆地笑了笑，说："生活嘛，对我们夫妻俩来讲，就是赚钱养家。趁着我们还算身强体壮，就多卖点儿力气。"

　　我还没接话，他的妻子就接着说："是啊，我们没什么文化，也没有其他什么技能，工地上的抹墙糊泥的活儿倒是干得不错。"女人说完笑了笑。

　　男人握了握妻子的手，说："其实，也不算卖力气。毕竟，比我们穷苦的人多了，咱呐，已经是被老天偏爱的那一方了。"

　　跟这对夫妻交谈，我竟然有一种肃然起敬的感觉。两个人外出打工三年了，一直没有回家过年，对家里的老人和孩子不放心，却也只能无奈地通过视频看上几眼。可他们面对高强度的工作，奔波劳累的路途，从未觉得苦累，而是迎面直上认真面对。丈夫喜欢唱歌，闲下来的时候会哼唱几句，妻子是她的最佳听众和最忠实的粉丝；妻子喜欢看书，两个人在待工的时候，丈夫就陪着妻子去图书馆。尽管被生计所累，他们却仍然乐观地面对生活。

　　这一对夫妻，有儿女要抚养，有老人要赡养，如果不是生活所迫，两个人一定不会背井离乡地离开自己的父母和儿女，没日没夜地负重前行。可他们的脸上，没有为生活所累的悲惨，有的只是一份对家庭的责任和爱。为了这份责任，他们选择认真地生活；因为这份爱，他们二人相互扶持，砥砺前行。

认真生活的人，都是被天使吻过的人。夫妻两个人的身体康健，儿女成绩优异，这就是天使回之以安慰的方式。没有人生来喜欢忙碌，喜欢颠沛流离，他们可能迫于生计，无奈于生活的压力，但庆幸的是，他们选择积极应对，认真迎合，对生活报之以歌。

陈羽是我的学妹。爱好广泛，兴趣颇多是我对她的第一印象，而遇到困难就选择放弃，是我不太喜欢她的地方。

大二那年，陈羽决定攻读第二学位——财务会计。当时社团的几个师兄师姐都不看好她，觉得虽然她对待生活的态度比较积极，但是缺乏持之以恒的精神。当时看她精力充沛，谈及这个话题时也乐此不疲，我是周围为数不多支持她的人之一。于是，当陈羽向我说了自己的意愿之后，我只说了一句："加油，我看好你哦！"

可惜好景不长，仅一个多月的时间，陈羽就"原形毕露"了。还没入门，她就觉得学会计没意思。看到身边的人都在学做咖啡和西点，她又转而投入西点制作的行列。可是，还没坚持半个月就又放弃了。

最开始，陈羽并没有跟任何人提及这件事，直到社团专管费用的学长退团，我们想起她一直在学这方面的东西便想让她接任这个职务，顺便让她得到一些锻炼。可是当我找上她的时候，她却支支吾吾，没有应承下来。

在我的一再请求下，陈羽不得已才说自己已经很久不去上财务专业的课程了，并顺便讲她这段时间都做了什么。发现陈羽竟然接二连三地放弃，我就劝说道："陈羽，这是你自己选择的，怎么能这么轻易就放弃呢？"

"学姐，学财务太难了。我之前听说过财务难学，但要是早知道这么难，我肯定不学这个。"陈羽一脸茫然地解释道。

我有些生气，便直接说道："陈羽，既然你已经决定去做一件事，就要做好迎接万难的准备！生活哪有可能会事事顺心，况且你面对生活的态度就十分不端正，更别提认真了。"

陈羽听完我的话，闷头不吭声。

大四那年，我介绍陈羽到朋友的公司实习，可干了不到一个月，朋友就对我说："小陈每天浑浑噩噩，不管工作还是生活，都是一团糟。"他说完叹了一口气，接着说："带她的老师对她很不满意，交给她的工作几乎没有按时完成过，工作稍有点忙的时候就开始唉声叹气。她身上的负能量，都影响到了其他同事。"我觉得脸红，也不好说什么，只说我会去劝劝，让朋友给陈羽一次机会。

于是，我找机会把陈羽约了出来。

"陈羽，你已经是一个成年人了，你必须要对自己的生活负责。一个整天毫无斗志的人，怎么应对工作和生活中的困难？"

"工作太难了，学姐。要不是毕业了，我才不会出来工作。"

我听完觉得很无奈，但还是好心规劝道："哪有什么生而简单，我之前带过一个小姑娘，她当时面对新开始的工作也是一头雾水，可她却从未惧怕，而是选择以一种积极的态度去应对。即便有困难，也不影响她面对生活的积极性。现在，她在公司工作得很好。"

陈羽听完，喝着饮料点点头，并没有多说什么。我不知道陈羽有没有听进去，不过后来听朋友说，陈羽的试用期还没结束，领导就已经劝她离开了。

一个成熟的人，在面对工作和生活的痛击，面对一些苦难时，能够以积极的心态去想办法解决，而不是稍有困难就想逃离。认真面对生活，积极迎接苦痛的人，就像是被天使吻过的人，早晚会迎来美好的生活。相反，那些破罐子破摔的人，最终都难逃悲惨的命运。

在充满激情的心老去之前，做自己想做的事情

儿时的我们，总是对未来充满无限的幻想。随着我们渐渐长大，梦想会更加切合实际，但也需保留着追梦的赤子之心。可是，在追梦的途中，有些人会被不如意的现实消磨了最初的斗志，而有些人却坚信只要充满激情的心还未老去，就要做自己想做的事情。

我的一个大学同学，名叫芯怡。上学的时候，芯怡对设计很感兴趣，自学了很多与设计相关的软件。毕业之后，芯怡进入了一家室内设计公司。芯怡的设计稿构思新颖、设计巧妙，她因此深受领导器重。

每次芯怡约我出去逛街，都会向我展示她最近的设计稿，诉说她的设计理念。我每每都被她的才华所折服："你简直太有才了！"这时，芯怡总是会谦虚地说："公司里的设计师都太优秀了，我仍需努力。过几天有个设计师大赛，公司让我报名了，我这几天需要准备作品，就不约你出来玩了，等我取得好成绩之后，请你吃饭。"

自那次见面后，我一直在等着芯怡的比赛结果。有一天，我看到芯怡在博客上发布了一篇文章，大概内容就是她本以为可以朝着理想的方向发展，却被无情的现实打回了原点。看来芯怡是受到了刺激，我赶紧拨通了她的电话。

电话那头的芯怡悲伤地说："比赛前一天，我正在办公室里完善参赛作品，突然接到我妈打来的电话，我才知道我爸生病住院了，很严重，已经下了病危通知书。挂了电话之后，我就立刻向上司提交了请假申请，说自己不能参加比赛了，然后就坐上了回家的火车。一路上我的心情都很不安，还接到上司打来的批评电话。我好不容易赶到了医院，却没能见到我爸最后一面。"说完，芯怡哭得撕心裂肺。

我听到这个消息，备感意外。我知道这件事一定给芯怡造成了不小的打击，急忙安慰她："叔叔走了，你节哀顺变。你要振作一点，陪阿姨一起渡过眼前的难关。哪怕错过了这次比赛机会也没关系，你的设计能力那么强，以后还可以参加其他比赛，获得好成绩是指日可待的事。"

芯怡听了我的安慰，依旧沮丧地说："要是我能在这次比赛中取得前几名，不仅能得到一大笔奖金，我的职位也会晋升。我本来想着等我的事业有了起色，就把父母接到身边。可是现在看来，这一切都不可能了。因为错过了这次比赛，我在上司心中的形象大打折扣。而且这次父亲突然去世，给我和妈妈造成了沉重的打击。妈妈身边不能缺少我的陪伴，我已经答应她不回公司上班了，已向公司递交了辞职信。我决定听从妈妈的建议，不做设计了，努力考上老家的公务员。"

听了芯怡的话，我感觉她在这件事上做得有些过激，便劝说道："你一直以来的梦想就是当一名设计师，就算不能回原公司，也可以在家乡继续做设计啊。你对设计那么感兴趣，不从事与之相关的工作，岂不是很可惜？"

芯怡说："算了吧，我再也找不回当初学设计时的热情了，还是老老实实地在家乡找份稳定的工作吧！哪怕不是喜欢的工作，但只要能陪在家人身边就行了。我不想再让类似的悲剧重演了，我累了，心中的激情早已褪去了，我不想再追逐虚无缥缈的梦想了，就这样吧。"芯怡说完就挂掉了电话。

在接下来的日子，我只能从芯怡的博客上获知关于她的消息。我知道她后来如愿考上了公务员，但也感觉到她对现在的工作并不满意。可她再也不会回归设计行业，做自己想做的事情了。

芯怡明明很年轻，未来本可以有无数种可能，却偏偏让自己的心提前老去，忍痛放弃了自己热爱的事业。每天做着自己不喜欢的事情来勉强度日，整个人的精神状态也没有从前那般饱满了。其实生而为人，何苦要这样为难自己，纵使生活时常不能让人满意，但也别让追梦的心提前衰老，只要自己的心依旧充满激情，那就应该做自己喜欢的事情。

在国外留学期间，我和室友喜欢在业余时间去学校附近的咖啡馆里小坐。我们发现咖啡馆老板Peter先生不仅会制作各式各样的咖啡，还会为来这里的学生们答疑解惑。有一天，我闲来无事走进咖啡厅，坐在吧台的位置上点了一杯咖啡，并和Peter先生闲聊了起来。我把自己对他的好奇告诉了他，他丝毫不避讳地谈起自己的经历。

Peter先生说："我在开咖啡馆之前是一名老师，但是当老师并不是我的梦想，而是我父母的意愿。为了让父母放心，我一毕业就留校任教了。从入职到退休，我做了四十年老师，就这样把我自己的梦想搁置了。"

我好奇地问："您说的梦想是开咖啡馆吗？"

Peter先生笑着说："是的。上学的时候，我就经常光顾咖啡馆，品尝过很多种类的咖啡。我还利用假期的时间去咖啡馆里打工，那个时候我学会了很多制作咖啡的方法。虽然后来我没有从事与咖啡相关的工作，但我依旧对经营咖啡馆感兴趣。我会在下班后去咖啡馆里喝咖啡，询问咖啡馆老板经营心得。放假后，我也会坐火车去其他的城市旅游，游览的重点就是当地的咖啡馆。在走访的过程中，我见到了很多风格的咖啡馆，也品尝了很多种口味的咖啡，这让我对咖啡的爱有增无减，也更加坚定了我开咖啡馆的决心。"

Peter先生讲述个人经历时，眼睛里闪烁着光芒。我继续问："既然您对咖啡这么感兴趣，为什么不一边当老师，一边经营咖啡馆呢？您教课的时候，只需让聘请的员工来帮您打理生意就好了。"

Peter先生说："如果我在教书的时候想着咖啡馆里的生意，这会让我分神。身为老师，我理应一丝不苟，这是对学生们负责任，我一定要对得起我的职业。当老师的时候，我就立志要在退休后重拾梦想，开一家自己的咖啡馆。虽说现在年纪大了，但我依旧拥有一颗充满激情的心。我仍有余力，可以做我想做的事情。"

我对Peter先生的想法很钦佩，我接着他的话继续说："在我们国家，很多老年人在退休之后就赋闲在家，不再做其他的工作了。您现在仍能坚持自己最初的梦想，让我很感动。"

Peter先生说："你说的那种退休后的生活，在我们这里也很常见。我只能说人各有志，再说退休后在家里享受天伦之乐本就是人之常情。我之所以在退休后还能开咖啡馆，一方面是因为我不想放弃当初的梦想，另一方面也是因为我没有结婚。父母过世以后，我就没有家人要养活了，剩下的日子我只要让自己开心就好。"

听了Peter先生的这番话，我感到很惊讶，没想到他竟然是一位独身老人。

Peter先生看我惊讶的表情，应该是知道我在想什么，他接着刚才的话继续说：“我不想在家闲坐，过着度日如年的生活，那样只会让我觉得人生无趣。我更愿意经营自己的咖啡馆，在为客人制作咖啡之余，还能帮助来到这里的学生辅导功课。除此之外，一些对生活感到迷茫的年轻人也会来我这里坐坐，我还能以过来人的身份，教他们如何克服眼前的难关，让他们能勇敢地去面对接下来的生活。”

我终于知道为什么我们学校的学生都爱来这家咖啡馆了，因为这里不仅有香醇的咖啡可以品尝，还有一位学识渊博且热爱生活的智者为客人们答疑解惑。在与Peter先生畅谈之后，我光顾咖啡馆的次数更多了。有的时候我会把在生活中遇到的难题告诉Peter先生，他会耐心地将自己的经验传授给我。每次听完他的分析，我都受益匪浅。

我很认同Peter先生的生活态度，人不应该因为年龄已长，就放弃尝试一些新鲜的事物。人应该在充满激情的心尚未老去之前，做任何自己想做的事情，千万不要到生命的最后一刻，再去后悔自己还有很多事情没来得及做。

无论你是处在青春年少的时期，还是早已年过半百，只要心中还存有追梦的激情，就不要被外界的言论左右自己的思想，也不要因为生活中遇到变故就改变人生的方向。坚持做自己想做的事情，才是不辜负生命的表现。人活一世，一定不要为那些想做但没能做成的事情而悔恨，要按自己的意愿勇敢地追求梦想。

我们可以倒下，但必须快点爬起来

常言道"失败是成功之母"，这是我们从小就懂得的道理。我们把这句话挂在嘴边，鼓励自己前进。但这句至理名言却随着我们长大而渐渐被遗忘，我们时常会因中途受挫而丧失最初的斗志。追梦的道路不可能畅通无阻，我们难免会被荆棘绊倒，我们可以倒下，但要记得快点儿爬起来。

我有个表哥叫鑫杰，从小到大一直都很优秀，高中毕业后考上了国外的某所名牌大学，那时候亲戚朋友们都说鑫杰的前途不可限量。鑫杰从国外学成归来后和几个朋友合开了一家承接工程的公司，多年来一直秉承严谨施工的原则，在业内深受好评。

过年回家，他会在饭桌上说起公司的业绩，我们听完都会夸赞他能力超强。我们都以为他的事业会一直一帆风顺，却没想到仅仅过了一年，他便不再出席新年的聚会。他打电话来说："我身体有点不舒服，你们聚吧，我就不去了。"

家人不太放心，派我过去看看鑫杰的情况。我到了之后，看他面容憔悴，满地的烟头，便关心地问道："表哥，你最近是不是遇到了什么难事，怎么连新年聚餐都不去了？"

鑫杰深深地叹了一口气，说："我的公司倒闭了。没有了事业，我还有什么脸面去参加新年聚会？亲戚朋友们要是问起我的生意近况，我怎么说啊？"

我不解地问："开公司本就不可能一帆风顺啊，从哪里跌倒就从哪里爬起来，你的专业能力过硬，还怕不能东山再起吗？"

他还是垂着头，无奈地说："你不知道我是为什么失败。因为我们公司的工程质量在业界有很好的口碑，所以才赢得了一次竞标的机会。我和团队成员不分昼夜地研究竞标方案，尽可能地完善每一个细节。我担心自己的电脑出故障，就把最终方案传给每一个团队成员，只是想留个备份。不曾想就在这么一个环节上，我遭到朋友的背叛！"

说到这里，其实我已猜到结局。但是听完以后，才发现事情远比我想象的要糟糕很多。

鑫杰说："竞标当天，我们公司的竞争对手先发言，他们所展示的方案和我们的一模一样。我当时就懵了，等轮到我发言时，由于我拿不出与竞争对手不同的方案，只能黯然离场。正当我打电话询问团队其他成员时，竞争对手张总的一番话给了我当头一棒。他说是因为我不懂得重用人才，而他的公司却能为人才提供更好的发展，所以我理应被自己的下属背叛。"

我劝鑫杰："竞争对手的这番话，不全是挑衅，也许是想提醒你珍惜人才。"但鑫杰不以为然地说："就算我再重用他们，也挡不住他们想要跳槽的心。我以后不会相信任何朋友了，也不会再有与朋友合伙的蠢念头了。"

我说："就算不开公司，你还是可以去找一份与专业相关的工作。"

鑫杰反驳道："我从上学的时候就不甘人后，怎么可能甘心给别人打工？你也别劝我了，回去告诉亲戚们，不用担心我，也不用给我介绍工作。"

我知道不管我现在说什么，鑫杰都听不进去，便离开了他家。我以为等他冷静几天后，就会去找新工作，但是他并没有，他拒绝了所有朋友给他提供的工作机会。从此没有人愿意帮他，在家庭的聚会上亲戚们也不再提起鑫杰曾经的那段光辉岁月。

人可以因为一次失败而沮丧，但擦干眼泪还是要继续奋斗，毕竟生活不会可怜停滞不前、自暴自弃的人，只会给永不言败的人应有的回报。因此我们要收起自己易碎的玻璃心，用坚强的意志和残酷的现实斗争到底。努力奔跑，无惧摔伤，站起来继续朝着梦想的彼岸前行，方是正途。

对主持人来讲，站在大型舞台上主持是一个不可多得的机会，但是机遇往往和挑战并存。我的好朋友雪薇在当地的电视台是一位具有个人特点又人气颇高的主持人。在经历了一年的主持工作的锻炼之后，她终于得到了一次主持直播晚会的机会。然而，因为晚会时间缩短了，不得不取消一个主持人的主持环节。就在大家纷纷猜测谁将被"踢出局"时，台里公布了名单。大家看到名单后都大吃一惊，怎么都没有想到会是雪薇！

雪薇久久不愿面对这个结果，为此工作上也不如从前那般上心，意志也开始有些消沉。在日常的主持过程中频繁地出现失误，还被台长警告了一次。雪薇仿佛丧失了对主持的兴趣，想要从事其他的工作。但是，和雪薇相处多年的我对她最为了解。我知道，雪薇很适合主持人这个职位，无论从长相还是谈吐。

这次我并没有着急去给雪薇讲什么道理，因为我知道这位能言善辩的高才生是听不进去我的理论的。道理说得太多有可能适得其反。我和雪薇一起来到了那家我们经常去的滑冰场，而滑冰也是雪薇最喜欢的运动，她非常喜欢在冰上翩翩起舞的感觉。

雪薇来到滑冰场之后，心情好了很多，愁眉苦脸也变为喜笑颜开。她像往常一样在冰面上翩翩起舞，沉浸在自己的表演之中。滑冰场鲜有雪薇这种熟练度很高的人，更多的是热恋期的小情侣和贪玩的孩子们。当雪薇正沉浸在美妙的音乐中时，一个滑冰技巧生疏的小男孩迎面而来，打乱了雪薇的节奏，使她不慎摔倒。

看见雪薇摔倒，我赶忙上前查看她的状况，还好没有什么大碍。我没有立马扶起她，而是看着她，询问着她的情况："还好吗？摔得严重吗？"

"没事，摔倒而已，滑冰常有的事。"雪薇习以为常地回答。

"那就好，摔疼了吧，每次我摔倒都要疼很久。"我说。

"疼，那是当然的了。不过缓缓就好了，最多也就三五天。"雪薇好像一个老师傅的样子，说着自己的经验。

"地上凉吗？"我又有一句没一句地问着。

"那还用说，你快点儿把我扶起来啊，地上太凉了，我要站起来。"雪薇对着纹丝不动的我抱怨道。

"是啊，摔倒了地上很凉，我们需要快点儿站起来。"我刻意地重复了一遍。

雪薇愣了一下，终于从我的话中体会到了什么。我看到雪薇的神情，知道此刻她应该听进去了。于是，我对雪薇说："其实，人生的道路上我们摔倒了很正常，有时候是自己的原因，有时候受他人影响。摔倒后身体很疼，地上很凉，但是我们尽快站起来就好。站起来后，一切都会慢慢变好，我们还会有其他的机遇和发展。在你站起来需要我帮助时，我一定会竭尽全力。"

听了我的话后，雪薇欣慰地说："有你真好，明天你将会看到一个站起来的我。"

"加油！"我鼓励道。

从那之后，那个热情开朗、工作认真、受人喜欢的雪薇又回来了。雪薇将这次的经历称为"摔倒经验"，作为自己的前车之鉴，也常将这段经历讲给后辈听，为他们增长经验。后来，雪薇担任晚会直播的主持已变成常事，并且有越来越多更大的平台向她发出了邀请。

我们哭着来到这个世界，就说明现实不会让我们永远笑逐颜开。我们不该那么不堪一击，生活让我们经受苦难，就是为了让我们变得更坚强。我们可以在不顺心时大哭一场，但要在宣泄后继续勇敢前进。

当你静下心来，所有的问题也都会迎刃而解

我们遇到问题时如果总想着尽快摆脱烦恼，那在忙乱中就会让自己的心变得烦躁，使问题也变得越来越棘手。如果我们能以平常心来看待眼前的难关，就能在最短的时间内找出正确的办法，这样问题便可迎刃而解。

我有个大学同学名叫晨菲。上学时，每次老师留作业，她都会在上交的前一天，着急地去向其他同学借作业，然后参考着别人的答案将自己的作业完成。那时候我们经常劝晨菲："你不能总是在临交作业的前一天，忙着找我们借作业。为何不在前几天试着自己独立完成？"

晨菲却不以为然地说："我的性格就是这样急躁，静不下心来。我习惯在最短的时间内解决眼前的难题，与其自己费力思考后还想不出答案，还不如直接抄你们的作业更快捷。"

劝说无果，我们也很无奈。

实习期间，晨菲去一家公司做行政专员。工作中最让她

头疼的就是制作报表，面对密密麻麻的数据，她总是不知该从何处下手去整理。第一次制作报表时，晨菲想向同学们求助，我们都以"这项工作太专业，怕自己做不好"为由拒绝替她做。于是，晨菲只能硬着头皮自己做，因为距交报表的时间很近，她也不想熬夜去整理那些数据，就随便应付了事。

第二天晚上，我们见晨菲垂头丧气地回到宿舍，就猜到肯定她制作的报表领导不满意，果然她说："我今天被领导训斥了，领导说我工作不认真，报表做得一塌糊涂，还说我性子急干不成大事。"

我问晨菲："领导教你如何制作报表了吗？"

晨菲回答说："领导批评了我之后，很耐心地教了我一遍。可我连上课都做不到专心，你觉得我会认真听她讲吗？公司里又不止我一个行政专员，等再做报表的时候我看看别人怎么做也就会了。"

实习期的第二个月，领导又把制作报表的任务交给了晨菲，令她没想到的是，这次只有她一个人做报表，领导给其他的行政专员安排了别的任务。这一次，晨菲要面对的数据种类更多了，她很后悔上次没有认真听领导讲解，可现在又不好意思去请求领导再讲一遍，只好自己埋头做。即使这次领导给了她充足的时间，她还是不能静下心来思考如何整理数据，只想着快点摆脱这个任务给自己带来的烦恼，于是草草应付。晨菲把这样的报表交给领导，结果可想而知，又遭到了领导的训斥，并且领导决定不再给她机会，将她辞退了。

晨菲失去了这份工作之后，做了反省，很懊悔当初没有认真工作，却始终不承认是因为自己遇事太急躁而惹的祸。后来，晨菲又去应聘了很多工作，因为改不掉急脾气，做不到静下心去完成领导交代的任务，所以总是被公司解雇。

如果一遇到问题就慌慌张张，不知如何是好，那么不仅不能高效地解决问题，还会让自己陷入苦恼。在遇到问题时，我们都希望能尽快解决，但前提是一定要静下心来找出符合实际的办法。

公司刚成立的时候，在毕业季招聘了几个实习生，其中有个女孩叫蕊希。我之所以能记住她的名字，是因为编辑部主管明洁经常向我提起她的工作表现如何出色，我也很欣赏她总能在规定的期限内交出高质量的文章。明洁还对我说："今年招进来的实习生，可能是因为初入社会有些心浮气躁，我每次交代的稿件任务，很多人都是在交稿前一天焦急地问我具体写作要求，而且在写作的过程中不停地问这样写行不行，那样写可以不可以。很少有人能像蕊希一样，在接到任务的第一时间就问清楚要求，写作全程也都是独立思考，而且总能在交稿日期的前三天把稿子发给我。"

我对明洁说："你应该针对这个问题开个会，让这些实习生们交流一下工作中遇到的问题和解决办法。"

明洁照我说的去做了，还邀我参加了那次例会。在例会上，一些实习生说不理解稿子的主题，所以总是不停地询问主管，反复地向主管确认写作内容，生怕自己理解错误，导致全盘皆输，还得花费大量的时间重新写。

听完这些抱怨之声，我充分了解了多数实习生业绩不佳的原因，他们就像我的同学晨菲一样，把思考的时间全用来抱怨工作难做。当多数实习生都在抱怨时，只有蕊希在安静地坐着，不发表任何意见。

我对蕊希说："你们主管经常向我夸你的文章写得好，趁着这次开会，你可以说说你的工作方法吗？"

蕊希谦虚地说："我没什么特别的工作方法，只是在接到任务后先询问主管具体的写作要求，然后根据主题去查阅资料，将能用的资料进行分类整理。接着，按照样稿的格式，参考整理好的资料列出文章提纲，再把提纲发给主管确认，主管同意之后我再开始写作，这样会省去反复修改的麻烦。"

明洁点点头，说："蕊希的工作效率之所以这么高，是因为她遇事不急不躁，能够静下心来想可行的办法。她将你们抱怨的时间，全都用来查找实用的资料。你们总是不停地向我询问，也许以为有我指点迷津，你们就能给节省不少的时间。其实不然。你们要学会自己解决问题，或许可以借鉴一下蕊希的工作方法。很多时候，只要你能平心静气地思考，问题就能迎刃而解。"

实习生们默不作声，可能是在进行自我反思。散会后，我看到很多实习生追着蕊希要她的稿子，我觉得他们可能是想参照她的文章去写作。

过了一段时间，明洁又来跟我汇报工作，她说："最近，我收到的稿件都很符合要求，看来那次例会很有效果。我看到蕊希在完成自己的本职工作之余，还会耐心地接受其他实习生们的询问，给他们提供实用的写作方法，帮助他们在规定的时限内完成任务。我想应该有很多实习生都受到了蕊希的影响，懂得了花大部分时间独立思考。我现在只需要在布置任务后的一小时内，回答几个实习生的问题，再不用像从前那样，为应付实习生们的询问而忙到焦头烂额了。"

明洁还说："我觉得近期稿件的合格率大幅度上升，蕊希可谓功不可没，再加上她的稿件始终都很优秀，我想提拔她为部门副主管，和我一起管理编辑部，可以吗？"

听了明洁的话，我很欣慰，并同意她的提议，晋升了蕊希的职位。幸好这些实习生们懂得自我反思，及时改正了遇事爱急躁的毛病，学会了静下心来思考解决的办法。这样不仅让自己的任务得以轻松完成，还让领导减轻了批注稿件的负担，可谓一举两得。

无论在学习还是工作中，我们总会遇到难以在短时间内解决的问题，与其继续浪费时间说无用的怨言，不如静下心来好好想办法。人生没有过不去的"火焰山"，只要能找到对症的"芭蕉扇"，就一定能平安渡过眼前的难关。

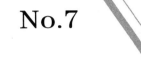

No.7

人总要有一些信念，支撑我们砥砺前行

每一个颓废度过的日子，都是对生命的辜负

　　我们在生活中总会因为一些事被击倒，当我们深陷于自己的悲伤之中，就会变得无所事事，萎靡不振。戏剧中的悲剧主角尽管会受到观众的喜欢和同情，但在现实生活中，每个人都不应该以这样的方式生活。其实我们只不过是人群里逆风而行的一分子，颓废这种态度，在我看来就是对生命的辜负。

　　我曾经从网络上看到一份关于大学生的生活状态的调查报告，报告显示，现代的大学生普遍处于亚健康的状态。对此现状我深感唏嘘，年纪轻轻，把大把的时间用来玩乐消遣。这让我想起了我的小表弟常枭。当他还是一名大二学生的时候，整天躺在宿舍的床上，除了睡觉就是看小说，生活十分不规律。有时候看到痴迷的时候，他甚至会整夜看小说。有时他一天会睡几个小时，有时干脆24小时不合眼，整天窝在宿舍里过着不见天日的生活。他的视力在短短的一年内也已经从400度涨到了600度，衣服也不知多久洗一次，地

上丢弃着几天前的外卖盒，头发油光锃亮。

舍友和同学们对常枭这样的生活状态表示担心，有时会有几个热心的同学提醒他，应该出去锻炼下身体，或者参加学校组织的兴趣活动班，交个女朋友也可以。而他总是将别人善意的叮嘱当成空气，还说什么人生很长，不差这几年的大学时间。有一次，当所有舍友都在准备宿舍大扫除时，他却迟迟不肯放下手中的手机，为此舍友和他大吵了一架。听家人说完这件事情，我找到了他，想和他谈一谈。

"你这样的状态不仅影响了宿舍里的每一个人，也毁了你自己。我觉得你应该改变一下自己的生活状态。"我说。

"影响的是我，和你有什么关系？"常枭回答。

"你这种生活方式非常不健康，你是在浪费时间。"我仍不懈地劝阻。

"我很喜欢现在这样的生活。好不容易熬过了高考，再不趁着上大学好好享受一下，等以后上班了，哪里还有时间浪费啊。"常枭辩解道。

"在这个最好的年纪，你应该去主动学习一些什么，专业技能也好，特长也罢，或者去打几份零工，增加一些社会的经验也是好的，总胜过在这里混吃等死。"我有点生气地说。

"不，生命贵在享受每一个当下。"常枭不以为然地说。

"好吧，总有一天现实会告诉你，你这样做是错误的。

你会为不正确的生活方式付出代价。"我有些无奈地说。

临近期末，学校开始了一年一度的体能测试。有的人在跃跃欲试，希望自己可以跑出好成绩；有的人鬼哭狼嚎，说体测太辛苦了，跑完之后要休息许多天。谁都没有想到，在这次的长跑过程中，常枭因身体虚弱在跑步的过程中晕厥。老师和同学们争分夺秒地将常枭抬到医务室，后来又送往医院，数个小时后，他才缓缓地睁开眼睛。

在医院大约住了一星期，常枭才康复。出院那天，我买了补品来看他："看你以后还这样颓废不，有报应了吧？以后改不改？"

"你就别管我了，表姐。这次我只是因为没有准备好，才会出意外，以后我好好准备就不会出现这种状况了，您就放心吧。"他白了我一眼，说。

"这次只是体能测试时出了一点儿意外，你继续这样颓废下去，就算你的人生没什么意外也会在关键时刻崩塌。"我没好气地说。

尽管我又一次说了狠话，但是常枭还是没有听进去。

大四毕业前夕，大家都返回学校拍毕业照，唯独常枭没有参加，后来通过一番打听才知道常枭没有拿到毕业证。

每个人都可以有自己喜欢的生活方式，但是我们选择的生活方式不应该影响到我们的正常生活，长此以往我们的生活轨迹会出现偏离。所以，无论如何都应该好好利用时间，用心规划我们的生活，迎接每一个美好的明天。

在常枭的事情过去大约五年后，我遇到了我的朋友大鹏。不得不说他是一个努力上进的人，也正是他那坚持不懈和勇于拼搏的精神吸引了我，使我们成了朋友。

大鹏准备考试的认真程度我很清楚，因为那时我也正在准备其他考试。大鹏每天都会准时在五点半开始起床晨读，十二点睡觉，中间午休一小时，晚上留出一小时的时间跑步。学习的日子是枯燥无味的，有时就算是在座位上坐上一天也会觉得身心疲惫，但是大鹏一刻也不敢懈怠。不过，承载着家人期待的大鹏，一直辛劳备考的大鹏却迎来了噩耗——他的司法考试没有通过！考试失败的大鹏很伤心，哭得很凶，我们都以为狠狠发泄之后的大鹏会在第二天恢复活力。然而，事情并不是那样！

大鹏考试失败后喜欢上了喝酒，起初只是每天喝一些，然后说一堆付出得不到收获的话。他抱怨命运不公，抱怨时运不济，抱怨自己付出很多却两手空空。我们想要找回那个朝气蓬勃的大鹏，于是试着约他运动，试着开导他，可是始终不见成效。思考了很久之后，我们想到了大鹏的偶像，那个励志学长。大鹏源源不断的精神动力在很大程度上来源于他的学长。

"学长，为什么我已经那么努力却还是失败，而你为什么努力过后总是成功。"大鹏迷茫地问道。

"首先，我并不是你所看到的那样，每次都能成功。我也失败过，并且失败过不止一次，但是我从不沉浸于回忆和抱怨之中，因为那已经成为历史。其次，你所认为的努力不一定是真的努力，因为你不曾看过别人的状态，也许有人比你更加努力呢？你只是沉浸在自己的目标之中，而没有看看与你竞争的人在干什么。"

"学长，你说人生是公平的吗？"大鹏追问。

学长补充道："人生其实是相对公平的，只要你不浪费时间，踏实努力地过好每一分钟，终究会抓住机遇的。倘若你就此过上得过且过的生活，那你永远无法活出人生的精彩。颓废只会发出暗淡的光，只会辜负美好的时光，只会浪费你的生命。别怕摔倒，重要的是学会如何在失败后总结经验，学会如何规划时间。"

"学长，我懂了，我不会继续沉浸在过往的颓废之中了。"

后来，大鹏重整旗鼓，找回梦想的初心，乘风破浪，扬帆起航。在不懈地努力下，大鹏成功地通过了司法考试，离他人生的目标近了一步。

我们在摔倒后可能会感到迷茫和失落，但是那不能成为我们颓废的理由。生命很短，如果把时间浪费在自怨自艾之中，实在是过于可惜。总结失败的经验教训，重燃斗志，继续前行，方是正途！

不给自己时间伤感，也就不会被轻易打败

我们在成长之路上总会遭遇各种各样的问题，在我们不够坚强的时候，或者内心不够坚定的时候，我们的自信心就像一片树叶一般，被困难这条蠕虫不断蚕食。而如果我们总是回首往事，沉溺于伤感，那就会越来越否定自己，让自己一蹶不振。

我的邻居小蝶是一名舞蹈演员，在我眼中，她是如此美丽优雅。每次看她轻盈地起舞，都让我想起昔日书中所描述的飞燕合德姐妹精妙绝伦的掌中舞。在一次外出的舞蹈表演活动中，小蝶由于不熟悉舞台环境，再加上有点发烧，在表演中不慎摔下了舞台，引得台下观众发出一阵唏嘘。

表演结束后，小蝶十分沮丧，给各位亲戚、朋友打电话，诉说自己这次失败的经历，在朋友圈也不断地发布一些充满负能量的话。最可怕的是，以前特别注意身材管理的小蝶，居然开始毫无节制地吃起了薯条、炸鸡等高热量食品。

可能是这件事对她打击太大，从那之后我晨跑时再也不

曾在楼下见过练功的小蝶。面对沉溺于伤感而无法自拔的女
儿，小蝶的妈妈来找我，希望我能去劝一劝小蝶，试着帮小
蝶解开心结。

第二天，在她妈妈苦口婆心的劝说下，小蝶才同意出来
和我见面。见到小蝶的那刻，我很心疼，以前那个充满灵
气的姑娘已经不见了，只剩下一个垂头丧气、无精打采的
躯壳。

"姐，我在舞台上表演时摔倒了，所有的观众都看见
了，怎么办，这怎么办？"小蝶带着一些恐慌的语气，自顾
自地说着。

"我听说了，可是这并不能代表什么啊。"我平静
地说。

"你说我怎么会摔倒呢？我是不是犯了一个很严重的错
误？观众和团里的其他演员会怎么看我啊？我以后该怎么办
啊？"小蝶赶忙询问。

我开导小蝶道："小蝶，除了你，其他人也会出现失
误，摔倒没什么可怕，可怕的是——"

没等我说完，小蝶就打断了我的话："不，摔倒很可
怕。我现在耳边一直充斥着观众的嘲笑声。我可能就是很差
劲，也许我就不应该学舞蹈，舞蹈根本就不适合我。"说到
这里，小蝶的脸上露出些许失落。

"不是的，小蝶。你想想之前你表演结束以后，大家给

你的掌声，那都是对你表演的肯定。"我有些急切地说着，想让小蝶明白摔倒并不可怕的道理。

"从今之后，再也没有人为我鼓掌，我再也不能表演了，我是个失败者，我在舞台上摔倒了。"小蝶好像没有听见我说话似的，自顾自地说着。

小蝶仿佛不能忘记那个摔倒的场景，一直在失落和悲伤的情绪中走不出来。我再三努力劝说，可依然没办法改变小蝶执拗的心理，她还是停留在过去的悲伤里。从那之后，小蝶放弃了练习舞蹈，也不控制饮食，渐渐地她的身材开始走形，再也没有参加过任何表演，好像她的世界中从未出现过"表演"二字。

人生的格局应该很大，不要把自己局限起来。有人就像鲁迅笔下的祥林嫂一般总是活在过去，对身边人诉说着自己的不幸遭遇，在伤感中一蹶不振，直到周遭的人不再对其流露出怜悯的目光。有人则总是信心满满地期待着每一个明天，他们不会被轻易打败，不会轻言放弃，一直期待着通过自己的努力改变人生境遇。

我的朋友灿灿因看了一场音乐剧，就近乎疯狂地迷恋上了钢琴，匆忙树立目标后便开始报班着手学习钢琴。起初她以为大家和她一样都是零基础，但是随着课程的深入，灿灿发现钢琴班里的学生都有一定的音乐功底，只有她是音乐"小白"，连五线谱都不大认得。在日常的上课过程中，其他同学在老师讲到音乐知识的时候对答如流，而她总是一副呆若木鸡的状态。即使老师没有批评她，她也觉得自己在课堂上十分尴尬。下课之后，灿灿在回家的路上给我打了一个电话，诉说她学习中的苦闷。

"你说我为什么和别人差那么多啊，我选择学钢琴是不是太冲动了。"灿灿焦躁地说。

"每个人的基础不同很正常，既然决定开始做自己感兴趣的事情，就不要轻言放弃。"我安慰道。

"可是每当我想起在课堂上的尴尬，就觉得很不舒服。老师用期待的眼光看着我，其他的同学也都聚焦于我，我却对老师的问题一问三不知，我真的不想学了。"灿灿的说话声音越来越小。

"那你还记得当时在音乐会上看到别人演奏时的感受吗？"我反问灿灿。

灿灿突然提高了语气："当然记得，那位钢琴演奏家就像一颗耀眼的明星。我被她的身影吸引了，也被她的音乐打动了。"

"我可以肯定地告诉你，那位演奏家在学习和练习的过程中也经历了无数次失败和磨难，她是经过不懈的努力与练习才达到了那样的高度的。"我斩钉截铁地告诉灿灿。

"真的吗？"灿灿似乎有些怀疑。

"当然。我们应该用三分之一的时间来热爱事业，用三分之一的时间热爱生活，用三分之一的时间去努力学习。美好的事物有很多，我们根本没有多余的精力去应对丑陋。你最应该做的是主动从网上查找关于乐谱的知识进行学习，而不是一直纠结在课堂上出丑的问题。"我告诉灿灿。

"我知道该怎么做了，谢谢你！"灿灿听完之后恍然大悟，兴高采烈地说。当天晚上灿灿就从网络上学习了大量乐理知识，第二天在课堂上因为准备充分、表现出色受到了老师的表扬。受到表扬的第一时间，她就把这个好消息告诉了我。

两个月后，灿灿又和我讲述了她和钢琴的故事。

"我在接下来的指法和音律中也遇到了大大小小不同的问题，但是我并没有去纠结自己的不足，而是以积极的心态去寻找解决的办法，并在接下来的学习中尽快提高。失误已经发生，我能做的只有弥补失误，既然我不能拯救过去，那我就尽力去改变未来。"灿灿斗志昂扬地说。

"乘风破浪，扬帆起航，才会走向成功。"我对灿灿说。

听到灿灿有这样的感悟，我真替她感到高兴，我相信她在以后的生活中也会勇往直前，不会被困难轻易击倒。

人生在世，不如意事常八九，如果我们总是难过，总是被不开心的事情打断前行的脚步，搅乱自己的思绪，那么我们会走很多弯路。悲伤时抱怨几句，拍拍跌倒后身上的泥土，然后调整心态继续向着梦想进发，这样才会离成功越来越近。

　　无论如何，别让伤感阻止了我们前进的脚步。

越是痛苦，就越应该让自己变得强大

环卫工人在寒风中清扫积雪，销售人员顶着烈日招揽顾客，教师们在深夜里批改作业，程序员在屏幕前绞尽脑汁……每个人都在自己的岗位上奋斗着，品味着生活的酸甜与苦辣，越是身处困境，我们越要拼搏和奋斗。

可翰在暑期找了一份调查员的兼职。这是一份调查工作，需要以采访的形式随机调查目标群体。一想到这份工作需要接触形形色色的人，对他们进行各种问题的访问，未经世事的可翰就有些胆怯。

可翰把她心中的忐忑告诉了我。

"我明天就要工作了，你说会不会遇上比较难缠的人？"可翰试探地问。

"可能会吧，毕竟什么样的人都会遇到。"我回答道。

"好像是哦，我真不知道要是遇见不好相处的人，我该怎么办。"可翰有些怯弱地说。

"没关系。态度好些，不会有人为难你。"我安慰可翰。

"希望他们千万别拒绝我的采访，不然我的小心脏可受不了，我会非常伤心的。"可翰似乎有些担心地说。

"没关系，看开些，谁都有可能被别人拒绝。"我坦白地告诉可翰。

五天后，可翰哭着给我打电话："在工作开展的过程中，我遇到了一个态度极其恶劣的中年大叔，那位大叔板着脸什么都不想说，还责怪我怎么这么烦人。我还遇到了几个嘲笑我、捉弄我的中学生和一位怎么解释都听不懂话的老奶奶，老奶奶只会胡乱打岔，向我抱怨完她那不孝的儿女就走了。学生们倒很愿意接受我的访问，但是却回答不到重点，并且在采访的过程中说我丑，还叫我'老阿姨'！你说现在的小孩子怎么这么没有礼貌？采访完，我只有一个感觉，那就是失败。"

可翰觉得自己的工作路途十分不顺利，就联系了自己的男朋友来替她完成这份调查工作。"可翰，你为什么不抓住这次成长的机会呢？"我反问可翰。

"这种采访的工作我是不可能胜任的，太难、太烦琐了，我的性格不适合，而且我的心理素质很差。"可翰回答得理直气壮。

"你都没有努力去尝试，怎么就判断自己不适合呢？"我继续追问。

"我不想努力了，那工作太让我伤心了，我不想一直处在伤心之中。"可翰回答。

"所以你为了避免痛苦，就用逃避工作的方式来远离痛苦吗？"听了可翰的回答，我觉得有些不可理喻。

"对啊，不然能怎样？"在可翰的语气里，好像逃避是理所应当的。

"你应该去面对，你的内心太脆弱，需要这样的机会，让自己的心理变得强大起来。"我试图让可翰明白正确的做法。

"对啊，我心里承受不了这些痛苦，就不要去强行承受了。好了好了，那就这样吧，我还要去看电视。"可翰不耐烦地结束了通话。

尽管我和可翰的男朋友都想帮助可翰变得强大，可翰却认为女生不应该这么辛苦，这么麻烦的工作还是让别人去做吧，自己像现在这样就好。后来可翰与男朋友在其他的事情上也产生了分歧，男朋友因可翰畏缩不前的性格和她分手了。

我们都会在成长中或深或浅地陷入痛苦，如果你甘于现状，那就会在痛苦的泥沼中越陷越深，最终被痛苦所吞噬，从而一事无成；而当你奋力挣扎，努力将自己变得强大，你会发现那些艰难痛苦并不可怕。

我的表弟岑发在大学毕业之后想要自主创业，经过几番思考，他打算开一家饮品店。由于初入社会，岑发在开店之前便查看了许多关于经营、管理、服务和选址等方面的资料。一番准备之后，他的店铺进入了试营业阶段。

在开店之初，还断断续续的有顾客光顾店铺。等到开业两周后，由于选址不当、营销方案不佳、店铺知名度不高、宣传不到位等各种因素，岑发的饮品店一直处于亏损状态。岑发向其他创业的前辈咨询，各位前辈意见不一，岑发也收获不大，饮品店的经营举步维艰。岑发一筹莫展之际想到了我，希望我能给他一些建议。在了解了岑发的店铺现状后，我提出了一些自己的看法。

"小发，我觉得你的饮品店之所以经营不善，有两方面的原因：第一，你的内心不够强大，操之过急。"我一针见血地说。

"好像是这样，那我应该怎么改变现状，将饮品店运营起来呢？"岑发感兴趣地问道。

"首先，你可以改变店铺风格，在你的饮品店中放置一排书架，为客户打造一个安静的氛围。在客户读书的期间，你也可以去拓展一下自己的知识领域。有时候将自己的感想与客户进行交流，逐步获得客户的好感，这样朋友和客户就会逐渐积累起来，你的内心也就会越来越有底气，渐渐强大起来。"

"确实是这样，当初我还没有考虑好客户定位，也没

找到自己觉得满意的装修风格就匆忙开店了！"岑发有感
而发。

"第二，你所储备的知识和技能还不够完善。从今天开
始，给自己报一个营销手段网络课程，将关键的销售技巧和
如何培养销售思维记录下来，然后根据你的饮品店现状调整
和完善销售战略。"我对岑发说。

"没错，以后还可以开展各种促销活动。只有做到心中
有数，才能灵活运用销售策略。"岑发兴致勃勃地说。

"是，就是这样，懂得举一反三。"我夸赞道。

听完我的建议，岑发开始有意识地提升自己的知识储备
和能力，并逐步积累经验。他不仅将当代营销大师的书看了
几遍，还参加了许多自己擅长或不擅长的活动。一年之后，
他将萎靡不振的饮品店变为了众人皆知的网红店，现在已经
开了第二家分店。

无论你从事什么职业，处于什么年龄，都可能会遇到令
你困惑和痛苦的事。痛苦只不过是人生众多感觉中的一种，
而要减轻这种感觉的方式则是提高自己。当你强大时，痛苦
就会变得微不足道。记住，强大的人才能走出痛苦，弱小的
人只能沉溺其中。

哪怕满身伤痕，也要努力奔跑

我们的人生就像变幻无常的天气，当雨水拍打到我们身上时，是找一个地方避避雨，还是勇敢地迎着风雨奔跑？换句话说，我们在生活中遇到困难时，是选择逃避还是迎难而上呢？不同的选择，会铸就不同的人生。只有努力地奔跑，才能迎来岁月静好；不奔跑，机会不会为你驻足。

我有一个大学同学，虽然她在我们班里是年龄最小的，却是班里最努力的一个。她是老师眼中的好学生，是同学眼里的真学霸，也是学校社团里的一把手，她叫晓雅。

初见晓雅的时候，许多人不太敢跟她说话，因为她总是摆出一副高冷的样子。然而，接触以后你会发现她其实并不是一个高冷的人。我对晓雅的改观是因为一次班级活动，那次活动我和她分到了一个小组。通过近距离的接触，我发现晓雅不仅是大家的智多星，还是任务中的体力担当，她总能恰到好处地照顾别人的感受。于是，活动结束后，我们便成了无话不谈的好朋友。

晓雅最令我佩服的，是她努力生活、积极向上的样子。她几乎每天都学习到深夜，而且一有时间就去做兼职，从来不会埋怨什么。我很好奇她为什么这么努力，于是在去食堂吃饭的路上，我随口问了一句："别的女生都是今天秀恩爱，明天晒旅游照，你真是咱们班的一股清流，除了学习就是赚钱，咱能不这么拼吗？"

她说了一句话，令我至今印象深刻。晓雅说："我以前吃了太多苦，不想在以后还过这种担惊受怕的日子。所以我必须努力奔跑，跑在别人前面。"

说完，晓雅挎住了我的胳膊，拉近了我们的距离，朝我笑了笑，说："你知道我是南方人，我们那边的人大多以做生意为生，我家也不例外。以前我家里是做鞋厂的，生活条件在当时算得上中上水平，也算不错了。但是，这种好日子没有持续多长时间，我爸爸就被合伙人骗了，投资的钱全被卷跑了，厂子也倒闭了，爸爸一病不起，家里负债累累，我的生活仿佛从天堂跌到了地狱。"

晓雅苦涩地朝我笑了笑，而我不知该回以什么表情合适。她又说："没想到吧？在电视剧里的情节居然会发生在我身上。从那以后，我肩负起了还债和照顾父亲的责任，也是从那个时候开始，我们一家人都省吃俭用。我能上大学已经很不容易了，我不想让自己白来一趟，所以我必须努力奔跑。"

　　我张了张口却终究说不出把我攒下来的钱给她的话，不是不舍得，而是怕这样的话会伤害她的自尊，后来我态度平和地问："有什么需要我帮忙的吗？"

　　晓雅长长地呼出了一口气，轻松地说："没有什么需要帮忙的，我感觉现在的每一天都非常充实。除了学习和参加社团活动，我还可以抽出时间去做兼职，赚生活费自给自足，不需要向父母要钱，而且大学这几年我拿到的奖学金还能承担一部分爸爸的医药费，我很开心。"

　　其实我知道，很多时候她妈妈打来电话问晓雅在学校怎么样，过得好不好时，她都是噙着泪说："我很好，你们不用担心。"挂掉电话后，她擦干眼泪继续微笑着学习、工作。她很想向妈妈诉说自己的委屈，但是她知道不可以让妈妈担心，也不可以让自己停下拼搏的脚步。

　　我心疼地扯了扯晓雅的胳膊，说："不要让自己太辛苦，每天总是学习到深夜，铁打的身体也不能这么熬啊。累的时候，要适时地休息，才能更好地奔跑。"

　　晓雅笑了笑，说："我会注意身体的，谢谢你。说实话，我之前也有过想要放弃，觉得不如直接找份普通工作挣钱还债、照顾家人。后来我一直在跟自己较劲，一个劲儿地告诉自己不能放弃，因为自己平凡得不能再平凡，如果放弃了这辈子也就这样了。现在的我什么都没有，不用再瞻前顾后，所以不如全力以赴地拼一把。"

后来，我问了一句非常残忍的话："那倘若到最后，你还是一事无成呢？要放弃吗？"

晓雅目光坚定地回答："不会，即使满身伤痕，也要努力奔跑，不是吗？"

在我们同窗的四年里，晓雅的努力我全部都看在眼里，每年的一等奖学金都有她的名字，她是老师重点栽培的对象，她也是师弟师妹口中非常厉害的师姐，而这一切都是她通过努力换来的。

毕业后，有的同学若工作不顺利，可以托父母或亲人找一份安稳的工作；有的可以用父母的钱出国留学，还不用担心学费；家里有企业和工厂的，可以继承家业当老板。但是，她不能。也许，这就是她不能停下脚步，必须奔跑的原因。

每当我遇到困难的时候，总会想起和晓雅的这段对话，它让我知道有人比我的境遇更糟糕却比我更努力。其实，每个人的生活中都会遇到或大或小的问题与困难，然而不管遇到什么问题，我们都不应该在最该奔跑的岁月选择安逸度日。

我有个八竿子打不着的远房表弟，对他几乎没有什么印象，我只知道亲戚们都叫他小军。有一天，他加我微信好友，说是表弟，我才凭着那一点点印象记起他来。

小军嘴非常甜地叫着表姐，还问东问西地表示对我的关

心。我猜想我们从来没有联系过，突然加微信肯定是有事情
吧。果不其然，他是为了工作而来。得知他从老家来到我所
在的城市，我便尽亲戚本分，约他出去吃饭，也顺便了解一
下他的情况。

到了约好的餐厅，小军不客气地直奔主题："表姐，我
听亲戚们说你开了家传媒公司，而且公司规模也不小，让我
去你公司工作呗。"

我说："你会做什么呢？或者说，想在什么岗位工
作呢？"

小军想了想，说："我也就高中文化水平，而且对于传
媒方面什么也不懂。你看给我安排个什么职位合适呢？"

我说："如果你愿意的话，不如来公司从头开始学
习吧。"

小军皱了皱眉头，一脸不高兴地说："表姐，我们都是
亲戚关系，而且老家的亲戚们也说了，等我过来你肯定会照
应我，难道你不给我安排个部长、副经理之类的职位吗？怎
么说我也是你的表弟呀。"

听到他这么说，我顿时有点儿不悦，但也不好发作，
说："如果你有坐到部长或者副经理这个职位的实力，我当
然力荐你。不过看现在的情况你并不了解这个行业和工作性
质。所以，不如从头开始慢慢学，一步一步地走到你想要的
位置才能让人信服。"

小军很不开心地喝了一大口酒，说："表姐，你可以给我安排一个只管理人，给别人分配工作的职位，每个月给我发个工资就行了。表姐，真不是我说你，如果我像你这么有钱，还开了自己的公司，肯定会带着亲戚们发家致富。"

这句话说得我差点儿压抑不住自己的怒气，缓了缓说："你要知道我的公司是我辛苦打拼出来的，我挣的钱是我努力得来的，所以我的公司也从来不会养一个白吃饭的人。在公司里，我见过比你条件差的，也见过比你条件优秀的，即便他们不清楚这个行业，但是他们愿意努力学习，最后也都是靠自己的实力进到公司里面的。你说不了解工作性质，我可以安排让你从头开始学习，但是你想不劳而获是不可能的。"

小军红着脸低头吃着自己面前的食物，没有反驳我的话，不知道他是羞愧还是被我噎得说不出话。最后，我们不太愉快地结束了这顿饭，我不知道他有没有听进去。

许多人总是感叹命运的不公，为什么别人的家庭环境这么优越？为什么别人的成长经历都是顺风顺水？我曾记得有人说过这样一句话："一个人出身不好，不会斩断所有成功的可能，命运之手总有漏网之鱼。"比你条件更差的人都在努力奔跑，你又有什么资格不去努力呢？

看清脚下的路，不必惧怕未知的前方

　　人生无非存在两种状态：准备前行和在前行的路上。有心理学家曾说过：每个人都有自己的安全感知区域，脱离这个范围，人们将会产生不安和焦躁的心理。面对未知的事物，我们总会本能地想去逃避。其实只要我们熟悉自己的能力，认清自己的现状，做到知己知彼，就能无所畏惧。

　　我的同学田芳是家中的独生女。从小被父母和长辈夸赞具有聪明、美丽、多才多艺等优点。由于家人对其投入了过多的宠爱，田芳在缺少正确引导和理性认知的环境中长大。这导致她形成了骄傲自大的性格，对自己的能力缺乏明显的认知。

　　在一次学校组织的社会实践中，田芳迫不及待地想要证明自己能力出众，于是选择了并不擅长的课题。

　　"田芳，你的社会实践经历太少了，选一些手工制作的社会实践吧。"老师对田芳提出了建议。

　　"没关系的，老师。做菜对我来说小菜一碟。"田芳胸有成竹地说。

"田芳，我印象中你不会做菜，我觉得你好像不太适合这个课题。"我真挚地提醒田芳。

"我真的可以的，我的能力我自己最清楚了。"田芳坚定地说。

田芳丝毫没有在意老师和同学给出的建议，坚决选择了和我一样的餐饮行业进行社会实践。对做饭一无所知的田芳，在实践期间把后厨弄得乱七八糟，严重影响了餐厅的秩序，还被老板狠狠地批评了一顿。受到批评后，我对田芳说了许多安慰的话，并且希望田芳能够认清自己。

"田芳，别伤心。确实是我们没有做好，老板生气训斥员工也很正常。"我安慰田芳。

"他不应该对我发火，责任又不在我的身上。"田芳觉得老板有些不可理喻，生气地说道。

"田芳，我认为你应该负有一定的责任，因为你还不具有做饭的能力，这项工作也没有你想象中的那么容易。"我期望能点醒田芳。

"我会证明，我做的饭是多么好吃，你们就拭目以待吧！"田芳自信满满地说。

田芳仍然不肯承认错误，认为自己不存在任何责任，只是还没有得到展现能力的机会。从那之后，田芳就带着想要让大家刮目相看的念头，在工作中寻找机会。恰逢有一天，有个同事请假，餐馆里忙得应接不暇，老板和经理都没有精力去监督员工。田芳就擅作主张，自己拼凑工具和食材，开始练习煮菜。知道田芳的想法后，我劝她不要随意违规操作。

"田芳，你不熟悉这些炊具，自己随意使用非常危险。没有人监督下盲目操作，不仅有可能弄伤自己，甚至还会引发火灾等重大事故。"我非常担心地劝告她。

"没有关系的，这些油、盐、酱、醋能有什么危险？"田芳听后非常不解。

"那你懂这些看起来很简单的瓶瓶罐罐吗？"我反问田芳。

"这些小东西我不用去理会，直接开火做饭，快点！快点！我迫不及待了。"田芳非常急切地说。

田芳对我的话语不屑一顾，仍然一意孤行。由于缺乏经验，高估了自己的能力，再加上操作不当，田芳的手部被大面积烫伤。被烫伤后，田芳似乎突然有了一些感悟，口中一直念着自己的错误。从那之后，她的性格也突然发生了改变，她开始害怕一切事物，不敢尝试任何新事物。

对自己认识不足、做事莽撞的人就好像在沙漠中前行，不知道自己的体力可以支撑多久，永远行走在恐慌中。而认清现状的人，宛如在海上航行，即使身处迷雾，也丝毫不会恐惧，因为指南针永存心中，可以轻松地辨别方向。

我的闺密芭拉在上学期间英语成绩非常好，从小到大一直担任班里的英语课代表。在各种级别的英语演讲中，她凭借纯正的口语发音多次获得奖项。从非师范专业院校毕业的她，立志当一名高中英语老师。当她把这个想法告诉我的时候，我有些疑惑。

"我要毕业了，我即将成为一名英语老师了。"芭拉满怀期待地对我说。

"是吗，你有看过老师的招聘简章吗？"我好奇地问。

"放心，不用看，没问题的。"芭拉无忧无虑地说。

"那最好了，祝你好运。"我祝福芭拉。

在面试了几个学校之后，芭拉都因为各种理由被拒绝了。面对不理想的结果，屡次碰壁的芭拉觉得有些伤心和郁闷，对自己今后的职业方向产生了疑惑，希望我能给她一些建议。在了解了教师招聘要求和芭拉自身的情况后，我为芭拉进行了细致的剖析。

"我觉得自己很适合这个职业啊，各方面的能力也不差，我就是想不明白为什么没有一所学校接受我呢？现在被几个学校拒绝之后，我都不太敢再去面试了，甚至看到招聘信息都会感到害怕。"芭拉非常委屈地说。

"芭拉，你以为已经对自己有了深刻的认知，其实还只是存在于表面的浅层认知。我认真地分析了最近几年教师的录取资格条例和政策，我发现尽管你很擅长英语，但是擅长和教学之间还有很大的差距。"我细致地为芭拉分析。

"什么差距，快和我讲讲，我怎么没有想到这些。"芭拉对我的分析表示出很大的兴趣。

"首先，你作为非师范专业的学生，对高中阶段的英语教学了解程度较低，因为高中英语尤为重要，对非师范毕业的你来说难度较大。"我继续补充。

"确实，高中这个阶段对每一位学生来说都非常重要，学校不太会让我这样情况的人去教学。"芭拉若有所思地说。

"其次，芭拉你的英语能力和常人相比确实很突出，但是在专业教学上还有待提高，你可以通过自主学习考取相关资格证书，提升自己的专业能力。"

"没错，而且我的性格更适合教那些可爱的幼儿，在与幼儿相处上我更加擅长。经过你的分析，我认为我可能更适合做幼儿教育方向的英语老师。"芭拉恍然大悟地说。

芭拉对自己的能力和现状进行了一番反思，决定先通过托福考试，并将目标定位到自己更擅长的幼儿英语启蒙教育上。在找准定位后，芭拉向一家教育机构发出了面试申请。结果，面试机构对芭拉非常满意，并愿意为芭拉提供高额薪资。现在，芭拉已经成为深受广大家长喜爱和认可的幼儿英语启蒙老师，很多家长慕名送孩子来听她的课。

我们总是怀揣着一颗好奇心，想要探索未知的世界，却又害怕未知中有太多不可控的因素。其实，未知领域并不可怕，我们只需认清自己、认清当下的环境，探索之路就会变得异常轻松。

No.8

微笑着活下去，才有可能去创造奇迹

你的心态，决定了你的未来

有言道："生活就像是一面镜子，你用什么样的心态去看待它，它就会用什么结果来回馈你。"心态对于一个人能否更好地生活和工作有着重要的意义，因为相对于外在环境等因素，心态的好坏更能够影响一个人对未来的认知。而从我的经历中，我就切实地感受到过心态给人带来的巨大影响。

我有个远房表哥，他曾满怀激情地在外闯荡奋斗了两年，觉得自己小有成就的时候，就萌生了衣锦还乡的想法。只可惜天不遂人愿，一场突如其来的大火吞噬了他的店铺，烧光了他所有的家当和积蓄，让他荣归故里的美梦化成了泡影。

心灰意冷的表哥走进了死胡同，准备从几十层的楼顶跳下去，结束自己跌宕起伏又一事无成的人生。

这时突然走过来一个一瘸一拐的乞丐。他开心的样子，就像是特意走到楼顶上来欣赏风景的。乞丐看着表哥，笑脸相迎，一边打开手中的一袋食物，一边嘴里念叨着："今天的天气真不错啊，今晚住在这楼顶，又可以看星星喽。您这么早就来楼顶观赏美景啊！"表哥不自觉地朝着这个乐呵呵的乞丐看过去，这才发现这个乞丐不止瘸了一条腿，就连左边的袖子都是空荡荡的！原来那袋食物是绑在他左边的袖子上的！

表哥看着乞丐的样子，乞丐那笑意是由心而生，积极乐观的心态是从内而外散发出来的。于是，表哥转过头对乞丐笑了笑，暗暗对自己说："我不能就这样结束自己的生命。我并不是这个世界上最可怜的人，恰恰相反，我有奋斗经验，有鞋穿，有路可走。"

有人说：人的情绪源于信念，以及对生活的评价与解释。如果用积极的心态去思考，就会产生积极的力量，如果用消极的心态去思考，随之而来的就是满满的负能量。

积极的心态可能无法决定你是否能成功，但一定可以影响你的生活态度和工作效率，甚至影响你的未来。就像一位伟人曾说："要么你去驾驭生命，要么生命驾驭你，你的心态决定了谁是坐骑，谁是骑师。"

肖潇是我的大学同学，她有能力也很有才华，可是她的心态很消极。正是这个原因，害得她丢失了即将到手的工作。

在我们即将毕业的时候，有很多不错的企业来学校招聘，挑选有才能、有实力的应届毕业生实习。运气好的话还可以留在企业工作。肖潇作为我们系有名的才女，理所当然地参加了这次招聘，并顺利进入了一家大型企业的第二次面试。

就在她准备第二次面试的时候，得知和她一同进入面试的还有我们系的另一个高才生，那人常年稳坐我们系里第一名。肖潇一听这件事，立马坐不住了。在确定了面试日期之后，就惶惶不可终日，一直念叨着"怎么办，我面试不上怎么办？听说，另一个人超厉害"。

我安慰她道："肖潇，你不要这么消极，你有你的优势。"

肖潇叹了口气道："哎，我面试肯定过不了。跟我一起进复试的是咱们系的高才生，常年的榜首，还有很多实践经验，老师们都很喜欢她。我一定会被刷下来的。"

听了她的话，我觉得很无奈，不得不提醒说："你再这么消极下去，会影响你的面试状态的。"

她却只是摇了摇头，没有说话。看她这样的状态，我以为她在思考我的话，便默默走开了。

谁知到了面试的那一天，肖潇却一直待在宿舍，根本没去参加复试。我疑惑地问："肖潇，你怎么没去啊？"

肖潇看了看表，抬头看了我一眼，说："我觉得自己根本面试不上，干吗还去浪费这个时间？"

　　我很无语，不想对她指手画脚，便住了口。

　　其实，肖潇的在校成绩稍逊于那人，可整体水平和那人相差无几，如果去参加面试了能被录用的机会还是很大的，可是她连尝试一下的勇气都没有。

　　在之后的日子里，凡是面试，肖潇就以这样消极的心态去面对，只要听说出现了比自己强的竞争对手直接就选择放弃，完全没有想过如何以一个积极的心态去应对生活和工作。

　　人如果不肯突破自我，一直用消极的心态面对生活，又怎么可能施展自己的才华，让自己发光发热？就算你有经韬纬略，可是一到关键时刻就打退堂鼓又怎么发挥才干？有才之人那么多，积极表现尚且不能吸引人，更何况一直逃避？所以，不要再自怨自艾，而要试着用积极的心态去把握机会！

愿你微笑着，和糟糕的事情说再见

常言道："以柔克刚，以静制动。"我所理解的"柔"与"静"，简单来说，就是对于艰难的事情用微笑回应。在与他人相处的过程中，我们难免会遇到爱发脾气、刻薄挑剔、出言不逊之人。而一个成熟、聪明之人，在遇到这样的情况时，往往是回之以含蓄的微笑。

出国期间，我几乎每天中午都会去一家中餐厅吃饭，因为在那里看着服务员熟悉的东方面孔，和他们简单地交谈两句，都足以让我心情舒畅。

这天，我照旧还是和朋友相约在这家餐厅见面。因为这是一家老店，来往的客人很多，并且形形色色。我正和朋友聊得开怀，忽然听见旁边一位先生对一名服务员不耐烦地说教："冲着你们的招牌川菜的名头来的，结果这菜吃起来不够麻辣，而且米饭还有些夹生，就这味道你们怎么好意思开门营业啊？"

服务员连声道歉："对不起，对不起，马上给您换一份，您看可以吗？"

尽管服务员答应得很爽快，但是直到给我们上菜的时候，也没见到她给那位先生换一碗米饭。这位先生很生气，跑到吧台叫来了经理。经过再三询问，这才知道原来服务员太过忙碌，竟然忘记了换掉饭菜这件事。服务员战战兢兢地端来新的米饭和菜，面带微笑对顾客说："真的很抱歉，先生。由于我的疏忽，耽误了您的时间，对不起。"

顾客看起来并不打算就这样草草结束这个事情，抬起手指着自己的腕表，愤怒地说："米饭是硬的就算了，还让我等了这么久才来新的。哪有你这样服务的！"服务员也觉得委屈，她只是低着头道歉，无论她怎么解释，顾客依旧不肯原谅她的疏忽。

看到这里，我想这个服务员固然有错，但也不至于让这位顾客如此咄咄逼人。我有些看不下去了。

谁知，接下来发生的事情让我久久不能忘怀，甚至成了我这段时间学到的最具价值的东西。

在我吃饭的这段时间里，我依然关注着那个服务员。我发现，她竟然多次走到那位顾客跟前，始终面带微笑地询问顾客是否有其他的需要。

吃完午餐，这位顾客要求再次见经理，服务员瞬间变得更加紧张，并一直搓着手。我心想：这个服务员大概会被开除吧。我正觉得可惜之时，经理已经来了，没想到顾客先生不仅没有投诉服务员，反而还笑着表扬了她。他说："在这件事的整个过程中，你不仅恰如其分地表现出了真诚的歉意，并且自始至终都带着微笑，正是你这种情绪感染了我，深深打动了我，才使得我决定放弃投诉你，转而对你进行表扬。"

听完顾客的话，不止服务员和经理觉得惊讶，就连我这样一个局外人都觉得震惊。原来，一个微笑代表的不仅是一种情绪，也是一种做人做事的态度，它在打动人心的同时还能扭转不利的局面。反之，如果面对困难，一味地沉溺于悲伤，则会让自己的情况变得更糟糕。

我有一个发小，尽管我们已经很久没有联系，可我永远也忘不掉她因消极对待生活错失了许多美好的故事。

安雅一直以来都性格开朗，就算在幼儿园有同学抢她的糖吃，她都是笑着分享。我问她："那是你妈妈给你的奖励，就这样被别人抢走了，你难道不生气吗？"她却咧嘴笑着说："妈妈说，别人抢我的糖，是因为他们想要跟我一起分享欢乐。"那时候我还小，根本听不懂那句话的含义。直到我们都长大了，我和安雅的关系因为误会出现了间隙，我才深刻地理解了安雅说出那段话时候的心态。

初中时班里转来了新同学，这个人和安雅有着相同的兴趣爱好，却偏偏和我不合拍。我和安雅第一次发生了矛盾，我固执地认为，安雅选择了那个朋友放弃了我。因此我选择一个人吃饭和上下学，甚至见面都刻意无视安雅和那名转学生。安雅大概是察觉到了我的心事，在某天吃完晚饭之后来到了我家。

看着我冷漠的表情，她拉着我的手说："如果有了矛盾就一味地逃避，根本无法解决任何问题。相反，如果遇见了事情，先去积极地思考和面对，就能最快地找到解决方法。"

我噘着嘴说出了自己的心事。她听完笑着说："这根本算不上什么问题，我们是最好的朋友，没有人可以改变。"

只可惜，一次意外之后，安雅就不再有这样积极乐观的心态了。

安雅原本有个幸福的家，有父母疼爱，还有一个可爱的弟弟。她最开心的事情，就是她的父亲出差后回家，给她带回各地的糖果。每当这时她总会眯着眼睛笑着对我说，今天的糖是他爸爸从哪儿哪儿带过来的，可甜了。然后我们两个人吃着糖，笑作一团。

可好景不长，安雅弟弟的学校要求假期组织一次亲子活动，所以一家四口商量好去山上游玩。但安雅因为感冒没法参加只能在家休息；为这事她一直噘着嘴，不高兴了一整天。

两天之后，安雅感冒好了，正准备兴高采烈地打电话告诉爸爸，却接到了医院打来的电话。我陪着安雅到医院的时候，她瘫倒在病房内露出了惨淡的笑，流着泪说："我变成孤儿了。"

自此之后，我再也没有见过安雅的笑脸。就算过了好长时间再碰面，她也只是眼神木讷地看着我，更别说是笑着同我嬉戏了。

后来，我们很长时间没有联系，听说她一直处于一种自暴自弃的状态。我知道，安雅被突如其来的变故吓住了，她选择了封闭自己。其实，她明明可以以另一种方式去面对变故，却偏偏选择了一蹶不振。

在面对已发生或即将发生的事情时，即便是糟糕到让自己难以承受的地步，我们也要想着怎样排解糟糕的情绪，让自己冷静面对。我们可以用一个简单的微笑来稳控局面，和糟糕的情绪说再见。

就像在面对他人的胡搅蛮缠甚至粗暴无礼之时，只要学会用微笑去缓解对方的怒意，用恰到好处的微笑来化解对方的猛烈攻势，就能以柔克刚，摆脱窘境！

人生本就不会太圆满，遇到一些令人不快的事情的时候，最该做的就是整理好心情，然后微笑着跟糟糕的过往说再见。

就算穿着打折的衣服，也要露出贵族气质

有的人尽管穿着很昂贵的衣服，却显露不出任何的气质。而有的人即便穿着打折的衣服，依然端庄大方，气质如兰。

阿瑜是我的一个远房表姐，她不仅长相出众，而且为人和善，端庄大方。她学的是中文，尤其喜好古典诗词，大学时期就一度被封为"女神"。上班后追她的人更是从未间断，而她最终选择了一个踏实本分的男人，毕业不久就步入了婚姻的殿堂。

阿瑜的丈夫工作努力，没多久就升职加薪，对阿瑜出手大方，宠爱有加。那个时候的阿瑜只要不上班，就去逛街购物，买各种名牌衣裳。在他们婚后的第三年，阿瑜生下了一个可爱的孩子，从此便做起了全职太太。

然而这两年阿瑜看起来就像变了个人，虽然还是喜欢带着孩子买这买那，还是衣着华丽鲜艳，但是整个人已经没有了以前的那种女神气质，只剩下满身的俗气。

一遇到朋友，阿瑜就喜欢各种炫耀或者吐槽："你看我这件衣服怎么样，可是今年的最新款，好不容易才买到的，羡慕吧？我觉得女人结婚以后，只有爱买爱穿爱打扮，才能体现自己的美，什么优雅不优雅，还不是得靠钱堆出来。""自从成了全职太太，我就没一天过过自己的生活，整天围着老公和孩子转，你瞧我的手都粗糙成什么样子了？"

一次周末，我约阿瑜一起逛街，结果老远就看见她穿着黑色貂皮大衣，脖子上戴着大金链子，左手是大金镯子，右手是玉镯子，戒指几乎戴满了整只手。一开口阿瑜就脏话连篇，不停地吐槽周遭的环境。

阿瑜原来是一个温柔大方的女子，她举止优雅，极有教养和气质。可我看着如今的她，竟觉得十分陌生。

我叹了口气，说："表姐，你原来是一个才女，也是大家心目中的女神，家里的亲戚最喜欢你，追求你的人也是从没断过。以前你穿衣打扮很讲究气质，尤其喜欢最原始的那种土布或者少装饰物的素色衣服，再配上你的一头长发和文雅的谈吐，真的宛若古风少女。你看你现在这一身衣服，别说是气质了，就连最基本的风格都没有。其实，优雅和穿着什么衣服，化着什么妆容没什么关系，最重要的是内在的气质、修养和举止。"说完，我又补充一句："回想一下你结婚之前，你就会明白自己过得和从前相比到底差在哪里了。"

表姐听了我的话，静默了几秒，过了好一会儿才轻轻地点头。

落落大方和端庄娴雅，不是非富即贵之人的代名词，高贵的气质与物质和财富无关。奢华的衣物和贵重的首饰堆砌不出优雅的气质，而书卷气和良好的涵养却能让人脱颖而出，正所谓"腹有诗书气自华"。

后来我在一次家庭聚会上见到了久违的表姐。她穿着简单的衣物，化着简单的妆容，我知道她已经找回了自己，她依旧是那个知书达理、气质脱俗的女性。

我看着表姐十分惊喜，她握住我的手，几乎热泪盈眶："我跟你聊过之后，回到家躺在床上却怎么也睡不着，我第一次意识到自己不可以沉浸在俗气的物质享受之中，想要改变自己就要重整旗鼓。于是，我重新找回当年那个端庄大方、举止优雅的自己，而不是放任自己成为一个黄脸婆。"

看到表姐的变化，周围七大姑八大姨都围了上来，询问她这段时间发生了什么。

"这半年，我几乎用了所有的时间去看书、健身、做运动。'书中自有颜如玉'，书读得多了，整个人的谈吐、涵养自然会提升。健身是为了让自己有一个健康的身体状态。在这之后，我学会了理财。因为经济独立是一个女人自信的资本，女人只有自信了才能有更脱俗的姿态。"表姐面对着周围人的追问，侃侃而谈，毫不怯场。

　　表姐穿着简单的衣物，身上却散发出一种自信和洒脱，那是再贵的衣服也给予不了的。

　　其实，气质是后天培养出来的。一个有品位、有气度、有教养的人，不管任何时候，都可以流露出不凡的气质。

不管面对什么，日子都不能将就着过

现实生活中，很多人都喜欢对生活报以"将就"的态度。那么，什么是将就呢？将就就是明明心里委屈、不愿意，却又不愿意努力改变现状的一种态度。而"不将就"，就是一直认真生活，总是保持从容的生活态度。

记得大一刚开学时，隔壁宿舍的肖雅抱着一大堆她家乡的特产来到我们宿舍，笑着自我介绍道："你们好，我叫肖雅。我家住在一座很高的山上，这是我亲手摘的家乡的野柿子，可甜了。拿过来给你们尝尝，以后咱们就是朋友了。"看着她认真的模样，我们都笑了，然后依次做了自我介绍。

"你家离学校远吗？"我不禁有些好奇地问。

肖雅点了点头说："嗯，很远。我走了十里的山路，又坐汽车，最后坐了十几个小时的火车才到的。"

我的脑海中立刻浮现出了"荒凉的山村，破旧不堪的旧房子"的贫困情景。可我从肖雅朴素干净的衣着中，感受到她对生活的认真态度。

年末，我和肖雅因为在同一个社团，所以聚会时挨着坐。我关心地问："肖雅，考完试就回家吗？"

肖雅笑着说："当然不是啊，我今年可能得先去打工，等年三十的时候再回家，毕竟我回一次家，实在是太浪费时间和车费了。"

我只觉得有些心疼这个姑娘。谁知旁边一个姑娘愣头愣脑地开口问："肖雅，我看你打扮得挺利落的嘛，一点不像电视上那种穷人家的孩子。"说完，便自顾自地离开座位了。

肖雅低着头一声不吭，我以为她想起了什么伤心事，便拍拍她的肩，她却忽然抬起头说："我母亲从小就教导我，日子苦，生活难，也要有所讲究，决不能过得将就。"我分明看见她眼中含着的泪倔强地不肯掉下来。我越发好奇肖雅的家庭和故事。

肖雅说，不管是生活还是做事上，母亲都是一个干净利落的人。母亲教导她就算是在贫穷苦难的日子里成长，一样可以成为为优秀的人。

她说自己如今已经20岁了，虽谈不上年少有为，但她的大学生活精致简单，上课、打工，每天忙碌而充实，没有人看不起，自己更没有自卑感。

听完肖雅的话，我觉得很震撼。

一个真正内心富足的人，是绝不将就的，他们对生命和生活的追求往往较高。他们不是单纯地追逐名利和爱情，而是在努力中彰显了一种超越贫富的精神，那就是不将就。

如果说努力生活不将就，凸显了贫苦家庭特殊的温馨和美满，那么工作上的不将就，显示出的是对生活的勇气。因为脱离没有兴趣这个基础而寻找的工作，往往会因为无趣而选择放弃。

杜若是我以前的一个同事，她为人和善，性格温和，做人稳重，工作起来也是干净利落。她说从小就开始学画画，在绘画方面很有天赋，可大学毕业后却败给了现实和社会，不得已才到那家公司。我们两个人同时进的公司，关系也比其他人要好一些。

经过一段时间的工作，我明显感觉到杜若好像有心事，她工作的时候经常不在状态。基于我与杜若的关系还比较热络，便找了个午饭的机会约她出来聊聊。

到了咖啡馆，我没有直入主题，委婉地说："最近你是不是没睡好，看你今天上班都没有状态。"

"哎，我最近工作很不顺心，前两天被领导批评了，领导竟然说我根本不适合这个工作，让我考虑一下辞职。"杜若委屈巴巴地说道。

我觉得惊讶的同时，忍不住开口："要是工作实在太费劲，就换一份。"

"可是这份工作的福利待遇好啊，我觉得我还能将就的。"杜若纠结道。

　　我有些震惊。杜若平时在生活上将就的态度我都看在眼里，万万没想到在工作上她竟然也完全放弃了自己的兴趣爱好，就这样为了薪资将就着。

　　我还没来得及开口，杜若接着说："我都努力去将就这个工作了，迎合工作时间，配合工作需求，可老板还是对我不满，我这简直就是在遭罪呢！"

　　听到这里，我已经按捺不住，直接开口道："又不是老板让你在这儿一直将就着的。你有自己擅长的东西，也有自己想要做的工作，却偏偏要因为这里的薪资待遇好而选择将就，又能怪得了谁呢！"

　　杜若大概是从未听我说话这样直接，过了好一会儿才说："我最开始的确想过找一份自己喜欢的工作，好好干一番事业，后来却不得不因为经济原因而放弃。我毕业后找工作四处碰壁，后来不得不为了生活委曲求全，就将就着找了份待遇好的工作。"

　　找工作面临困境时，杜若选择了委屈自己，忽视自己的兴趣，放弃所擅长的东西，从而将就着选择了一份完全不适合自己的工作，如果就这样一直凑合着继续下去，最后自然一事无成。

　　一段将就着才能过下去的日子，根本毫无意义。不管在工作上还是生活上，我们都要怀揣积极的态度，不能将就着过。

做更好的自己，创造属于你的奇迹

每件事的发生都有它的原因和意义，只要我们愿意用最好的状态去处理每个阶段的事情，总会有机会去创造属于自己的奇迹。

阿岚是我的一个远房表姐，生在贫困山区里的她有姐弟三个，一家人整天为了解决温饱问题而发愁。可在和阿岚的交流中我发现，尽管家徒四壁，阿岚依然有自己的梦想，那就是通过不断的努力让自己变得更好，然后走出山村看看外面的世界。

我看到阿岚坚定从容的脸，根本无法说出表姨在几天前跟我妈透露出想要阿岚辍学，在家务农一段时间就赶紧结婚的话。我思索再三，最后只能说："嗯，做好自己，跟随自己的内心做事，一切都将有可能发生。"

我俩倔强地擦擦泪，又相视一笑。

过了很久，我都没有阿岚的消息。突然有一天，阿岚的QQ头像闪烁不停。我激动地点开了对话框，阿岚竟然说了一句"我要结婚了"，就消失了。

我觉得很诧异，却也无能为力。就这样，三年之后我大学毕业，正在准备出国的事情，忽然就接到了阿岚的电话。阿岚说自己现在在某咖啡店，想问我有没有时间见一面。我惊喜又意外，就满口应承下来。

到了约定的时间，我看到了这个本让我觉得可惜的姑娘，想要对她说千言万语，可我看到她却只是简单拥抱了一下，不禁潸然泪下："你怎么都不联系我！"

阿岚口中说着抱歉，我不忍心一直质问她，只问这段时间过得好吗。

原来，阿岚自结婚后，丈夫和她一直相敬如宾，两个人也很恩爱，可是阿岚总觉得日子缺点儿什么。阿岚想到了那天晚上我在离开她家时说的话，最后在丈夫的鼓励下，阿岚报考了成人高考并顺利拿下了成人本科的毕业证。

可她还是觉得自己不够好，认为只要再努力一些可以变得更好。阿岚想到，丈夫家三代都是养殖户，但是每每销售都需要翻山越岭，现在网络这么发达，城里人又喜欢原生态的食物，完全可以通过网络把农产品销售到大山的外面，甚至更远的地方。这样不仅可以赚钱，还可以让自己见识到更广阔的世界。

阿岚和丈夫商量过后，夫妻二人当即注册商标，然后把自己家散养的家禽、蛋类和肉类，跟市面上普通的肉蛋进行了对比拍照，然后做了评测对比，并在某电商平台开了一家店铺，开始了电商创业。尽管最开始的时候，阿岚夫妻也遇到了诸如不善于沟通，肉蛋不便储存和运输等问题，但好在夫妻二人坚持了下来。阿岚还兴奋地告诉我，现在他们的小店已经在发展全国加盟店，村里很多农户都开始跟着他们一起养殖，他们一下子成了村里的致富带头人。

听完阿岚的话，我觉得意外之余，更多的是惊喜，不禁脱口而出："原来奇迹真的存在。"阿岚哈哈一笑，说："奇迹的另一个的名字，叫努力和坚持。"

说完，我们都开心地笑了。

生命之所以五彩缤纷，源于它本就具备各种精彩。如果想要变得更好，面对困境和不如意时，倒不如换一种活法。

小路是我带的实习生中表现最普通的一个，可我却十分喜欢这个孩子身上的那种单纯、不做作的品性。再加上他和我是老乡，于是平时工作和生活中我都愿意多提点他一些。

我一直以为小路虽然不是最优秀的，却是一个足够努力的人。在整个实习期，他总是第一个到公司，然后就开始帮大家打扫办公室和整理文件。

可实习期结束后，我发现他做事缺少恒心，对自己喜欢或者擅长的事情还好，但是对于不太擅长的领域或者不感兴趣的方面，总是选择逃避和退缩。

令我无法忍受的是，他对工作的态度不端正，这也是我最终放弃他的主要原因。

　　不管是说话还是做事，小路总是模棱两可，就算是别人提出问题，他也只是"嗯嗯啊啊"，丝毫说不出有建设性的提议。

　　在一次会议上，办公室主任提出想要让小路和另一个同事一起负责一个新项目，虽然两个人都是新人，但这个项目比较简单，只要肯花时间深入研究一下就可以轻松搞定。小路满口应承下来，可我却听说他在项目进程中，只顾着约会、谈恋爱，该有的认真态度一丁点儿都没有，就连同项目的同事问他意见，他也只是说："你们决定就好了，我没什么意见。"

　　最后，项目即将结束时，客户突然问了小路一个问题，他却支支吾吾一问三不知，全靠同事帮他，才把这个项目拿下。

　　事后，作为之前带他的前辈，我曾找他谈话，我有些恨铁不成钢，一上来便直入主题："小路，一个连自己都做不好的人，怎么可能会受到领导的青睐。如果你再不拿出态度来，无法做一个思想成熟的人，只会一事无成。"

　　我感受到了小路的不以为意，也不想多费口舌，最后招招手让他出去了。

　　果然，三个月后，小路"夹着尾巴"离开了公司。半年后我再听说他的消息就是他辗转了两个公司，都因态度不认真被辞退。

　　一个人要想做出一番成就，首先要端正自己的态度。态度不认真，总是想要依靠别人，怎能走向成功？记住，要想创造属于自己的奇迹，一定要端正我们的态度。